国家重点图书出版规划项目

中国载人航天科普丛书

总主编 王永志 王文宝 袁家军

梦圆天路

——纵览中国载人航天工程

主 编 邱乃庸

副主编 原民辉 庞之浩

中国宇航出版社

·北京·

内 容 提 要

本书主要介绍了中国载人航天工程的发展历程、组织实施及技术方案，详细描绘了载人航天飞行的全过程以及中国载人航天工程的伟大成就，并简要介绍了载人航天技术的发展前景。

本书力求深入浅出、通俗易懂、图文并茂、语言生动，适合相关专业科技人员、管理人员和具有高中以上文化程度的航天爱好者阅读。

图书在版编目（CIP）数据

梦圆天路：纵览中国载人航天工程／邸乃庸主编．－－北京：中国宇航出版社，2011.1

（中国载人航天科普丛书／王永志，王文宝，袁家军主编）

ISBN 978-7-80218-440-4

I．①梦…　II．①邸…　III．①载人航天飞行—概况—中国　IV．① V529

中国版本图书馆 CIP 数据核字（2009）第 162314 号

责任编辑 舒承东　**责任校对** 祝延萍　**设计制作** 03 工舍

出版发行	中国宇航出版社		
社　址	北京市阜成路 8 号 (010)68768548	**邮　编**	100830
网　址	www.caphbook.com/www.caphbook.com.cn		
经　销	新华书店		
发行部	(010)68371900 (010)68768541		(010)88530478(传真) (010)68767294(传真)
零售店	读者服务部 (010)68371105		北京宇航文苑 (010)62529336
承　印	北京画中画印刷有限公司		
版　次	2011 年 6 月第 1 版		2011 年 6 月第 1 次印刷
规　格	787 × 960	**开　本**	1/16
印　张	14.5	**字　数**	230 千字
书　号	ISBN 978-7-80218-440-4		
定　价	40.00 元		

本书如有印装质量问题，可与发行部联系调换

总 序

上世纪九十年代初，党中央审时度势、高瞻远瞩，果断作出了实施中国载人航天工程（代号921工程）的重大决策。这一战略工程的建设与发展，至今已走过了十八年的光辉历程，中华民族实现了千年的飞天梦想，在世界航天发展的史册上，铭刻下了中国人民勤劳智慧、自强不息、勇攀科技高峰的辉煌印记，在人类和平利用太空的伟大征程中树立了不朽丰碑。当今世界，伴随高新技术发展的突飞猛进，航天技术发展方兴未艾，我国航天事业正迈上新的历史征程。当此之际，中国载人航天工程办公室组织编著出版这套《丛书》，对历史、现实和未来都是一件颇有意义的事情。

这套《丛书》全面介绍了工程的发展历程、各系统工作原理及相关航天知识。我作为工程的亲历者、见证者和组织者，更深切地体会到：工程意义重大而充满挑战，成就举世瞩目而来之不易。工程实施以来，在党中央、国务院、中央军委的坚强领导和亲切关怀下，在全国各相关方面的大力支持下，广大航天工作者大力协同、锐意进取，成功突破了一大批拥有自主知识产权的载人航天核心关键技术，先后实现了从无人飞行到载人飞行、从一人一天到多人多天、从舱内实验到出舱活动等重大跨越，使我国成为世界上第三个能够独立开展载人航天活动的国家，在载人航天高技术领域占有了重要一席。胡锦涛总书记明确指出，载人航天工程取得的成就，是我国综合国力不断增强、科技水平不断提高的重要体现，对于增强全民族的自信心和自豪感，凝聚全民族的智慧和力量，鼓舞全党全军全国各族人民全面建设小康社会、实现中华民族伟大复兴具有重大而深远的影响。

通览《丛书》，可以更深刻地感到，作为我国航天发展史上规模最大、系统构成最复杂、可靠性安全性要求最高的国家级高科技工程，载人航天工程取得的伟大成就令人自豪，催人奋进。同时，从中可以得出许多重要启示：当今时代，世界综合国力的竞争，集中体现为科技特别是高科技的竞争，关键在于人才的竞争，科技、人才已成为民族振兴的基石和综合国力的核心；社会的进步、国家的发展、民族的强大必须充分发挥科学技术第一生产力的作用，坚持人才为本，瞄准世界高科技发展前沿，着力突破核心关键技术，抢占战略制高点，不断提高自主创新能力，唯有如此，才能把国家安全和发展的命脉牢牢掌握在自己手里；科技落后是最可怕的落后，我国目前仍面临发达国家在高科技领域占优势的巨大压力，必须增强机遇意识、忧患意识和使命意识，敏锐把握世界新科技革命的大势，以战略需求为导向，努力实现科技新跨越、新发展。

《丛书》作为航天高科技普及读物，与一般科普读物相比，有许多突出特点：一是鲜明的系统性和集成性。《丛书》以中国载人航天工程为主线，分别介绍工程总体以及航天员、空间应用、载人飞船、运载火箭、发射场、测控通信、着陆场等各系统，结构清晰、重点突出，各个分卷相互衔接、形成整体。二是广泛的知识性和普及性。《丛书》突出读者感兴趣的知识点，满足社会公众对载人航天科技知识的渴求，语言流畅、深入浅出，图文并茂、通俗易懂。三是高度的科学性和权威性。《丛书》编写人员既有工程总设计师、工程总体的专家，也有工程相关系统的总指挥、总设计师；既有长期工作在航天领域的老专家、老领导，也有奋战在科研一线的技术骨干和管理人员，他们大多亲历和参与了工程的研制建设，是各自领域的权威人士，编写内容概念正确、数据科学准确。

相信这套《丛书》的出版发行，对于宣传我国载人航天工程的伟大成就，大力弘扬载人航天精神，增强民族自信心和创新精神，必将起到重要的促进作用。同时，通过普及航天知识，必将吸引和鼓励更多的青少年热爱科学，积极投身航天事业，使我国高科技发展后继有人、持续跨越，为实现中华民族伟大复兴的宏伟目标，为开创中国特色社会主义事业新局面，作出新的更大贡献。

中央军委委员、总装备部部长
中国载人航天工程总指挥

常萬全

2010年4月16日

前言

载人航天代表了当今航天技术的最高水平，体现了一个国家的综合实力，带动了科学技术的发展。伴随着改革开放的伟大进程，我国的载人航天事业逐步发展壮大，并取得了辉煌的成就。

随着神舟5号、6号、7号载人航天飞行的圆满成功，在全国掀起了关注载人航天的热潮。为了满足广大关心、热爱载人航天事业的朋友们渴望了解载人航天特别是中国载人航天发展的需求，让大众准确地掌握世界载人航天的最新进展，尤其是深入了解我国载人航天的伟大成就和广阔前景，激励广大青少年朋友投身祖国的航天事业，我们倾力推出了这本全景式载人航天科普图书《梦圆天路》。

《梦圆天路》一书是《中国载人航天科普丛书》的总体卷，力求全面、系统和通俗地介绍中国载人航天工程的概貌。它由国内一线的载人航天技术专家和航天科普作家共同精心打造而成，实现了内容的权威性和普及性的紧密结合。

本书回顾了世界载人航天技术的发展历程，以便于读者全面了解载人航天的历史、意义、特点、现状和发展趋势，首次全方位地介绍了中国载人航天技术发展的全过程，包括前期准备、组织实施、技术方案、飞行过程、伟大成就、前景展望等中国载人航天活动的方方面面，充分展示了中国载人航天工程的技术水平和发展前景。

作者精心挑选了大量彩色图片，以加强视觉效果，努力做到高品位、新视觉；以知识链接的方式介绍了相关的载人航天基本知识，使读者对载人航天活动既知其然，又知其所以然；通过载人航天的大量应用成果，让读者了解载人航天在国民经济中发挥的重要作用，并认识到载人航天离人们的生活其实并不遥远。

《梦圆天路》一书共分7章，各章之间既相互独立，又有内在联系，形成了一个有机整体，准确、系统地反映了中国载人航天工程研制、建设、试验和飞行的全貌，展示了中国载人航天技术发展的宏伟画卷。

本书由邸乃庸、庞之浩、李颐黎、鲍贤栋、葛榜军、朱敏悦、夏静、徐菁、靳颖等共同编写。中国航天科技集团公司科技委副主任于登云研究员、中国空间技术研究院朱毅麟研究员审阅了全部书稿，并提出了宝贵的修改意见，对他们付出的辛苦劳动，在此表示衷心的感谢。

书中如有错误或不妥之处，敬请读者批评指正。

主　编

目 录

第一章

开拓人类新疆域

—— 载人航天的意义及特点

开展载人航天活动绝不只是为了欣赏天上的美景，而是要进一步探索宇宙奥秘，更好地开发太空资源，从而为人类造福。

载人航天具有高投入、高风险、高产出的“三高”特点，大量理论研究和科学实践表明，无人航天器无法代替载人航天器，载人航天技术正朝着深度和广度两个方向蓬勃发展。

1. 人类自古想飞天
—— 载人航天的梦想

人类自古就有飞天的梦想。由于没有飞天之力，古人只能借助于想象的翅膀，把梦想寄托在美丽的飞天神话与传说之中。

嫦娥奔月，是中国家喻户晓的飞天神话。嫦娥本是后羿的妻子，后羿射日立下丰功伟绩后，受到了天神们的敬仰。王母娘娘赞赏后羿的功绩，便赐他一包长生不死药，服下此药即可升天成仙。由于后羿舍不得撇下妻子，便将长生不死药交由嫦娥珍藏。不料此事被后羿的徒弟蓬蒙知道了，他趁后羿外出狩猎之机，潜入后羿的宅院，威逼嫦娥交出长生不死药。嫦娥知道自己不是蓬蒙的对手，危急之时，她当机立断，打开百宝匣，取出仙药一口吞下。嫦娥吞下仙药后，身子立时飘离地面，向天上飞去。由于嫦娥牵挂着丈夫，便飞落到离人间最近的月亮上，成了月亮仙子（图1－1）。

图1－1 嫦娥奔月

人类的飞天梦想是共通的，很多民族都有飞天的神话。在古希腊神话中，有一位叫代达罗斯的建筑师逃亡来到克里特岛，成为了国王的朋友。国王委派他给牛头人身的巨怪弥诺陶洛斯建造一座迷宫。迷宫建成后，代达罗斯虽然受到了国王的赞誉，

知识链接

敦煌石窟中的飞天壁画

佛教中把空中飞行的天神称为飞天，它多出现在佛教石窟壁画中。道教中把羽化升天的神话人物称为“仙”，如“领先仙”、“天仙”、“赤脚大仙”等，把能在空中飞行的天神称为飞仙。在中国敦煌莫高窟492个洞窟中，几乎窟窟画有飞天，总计4 500余身，是全世界佛教石窟寺庙中保存飞天最多的石窟。敦煌飞天的特征是不长翅膀，不生羽毛，借助云彩而不依靠云彩；它凭借飘曳的衣裙，飞舞的彩带凌空翱翔，千姿百态，变化万端。

但因离家日久，总是怀着对家乡的眷恋之情，而且他感觉到国王其实并不信任他，因此不愿意在这个孤岛上虚度一生。为了逃走，代达罗斯使用蜡和羽毛制成了两副翅膀，和儿子伊卡洛斯一起飞出克里特岛。当他们飞越爱琴海时，年轻的伊卡洛斯太兴奋了，忘记了父亲的告诫而飞近太阳，结果翅膀受热熔化，掉进海里淹死了（图 1–2）。

图 1–2　伊卡洛斯坠海

在中国古代，飞天绝不仅仅是空想，还有很多伟大的实践。2 000 多年前，墨翟斫木为鹞，制作了世界上第一只风筝，这也是人类最早的飞行器。传说在明朝中叶，有一个叫万户的人，在一把椅子下面安装了 47 支当时最大的火箭，两手各持一只大风筝，让人把自己捆在椅子上，然后点燃火箭，试图借助火箭的推力和风筝的升力飞向天空（图 1–3）。20 世纪 70 年代，国际天文学联合会将月球背面的一座环形山命名为万户（WAN–HOO）。

随着科学技术的发展，到了 17 世纪，人们开始把天文知识与循理虚构的故事结合起来，编写太空旅行的科幻小说。最早的太空科幻小说家是开普勒，他写的《梦游》讲述了人类飞向月球的情景。在所有关于太空旅行的科幻作品中，最著名的是

图 1–3　万户飞天塑像

图1－4　法国科幻作家儒勒·凡尔纳的著作《从地球到月球》

法国作家儒勒·凡尔纳于1865年出版的《从地球到月球》（图1－4）。为了写好这本书，凡尔纳研究并向人请教了许多数学、物理学和天文学问题。他在小说中设计的类似宇宙飞船的炮弹和发射装置都经过了严格的数学计算。书中人物所乘坐炮弹的速度接近第二宇宙速度，达11千米／秒，人坐在空心的炮弹中，里面还装有粮食、水和制氧用的化学药品，能飞行4天。炮弹的发射地点恰好就是美国现在的航天发射场——卡纳维拉尔角。

凡尔纳的小说产生了非凡的影响，许多航天先驱者都受到这部小说的启发和激励。凡尔纳以丰富的想象力和严谨的科学态度，正确预言了许多航天活动的要素：火箭发射场、飞船密封舱、失重、火箭变轨飞行、制动火箭、飞船海上溅落等。这些同后来航天技术发展的实际情况惊人地吻合。

科幻小说与古代神话有本质的区别，前者是在科学的基础上进行合理的演绎和设想，虚幻之中寓有合理的思路，能使人从中得到启发和鼓舞。然而由于技术条件的限制，人类始终没能离开养育自己的地球，直到1961年4月12日，世界上第1位航天员——苏联的尤里·加加林乘东方号飞船上天，才终于圆了这一美好的梦想，拉开了波澜壮阔的载人航天序幕。

2．活动空间大扩展
——载人航天的目的

开展载人航天活动绝不只是为了欣赏天上的美景，而是要进一步探索宇宙奥秘，更好地开发太空资源，从而为人类造福。

海阔凭鱼跃，天高任鸟飞。人类一直在不断努力扩展自身的活动空间，其活动范围经历了从陆地到海洋，从海洋到大气层空间，再从大气层空间到太空的逐步发展过程。人类活动范围的每一次扩展，都是一次伟大的飞跃，增强了人类认识和改造自然的

图 1－5 太阳系的八大行星

能力，促进了生产力和社会的发展。

距地面 100 千米以上的太空是陆地、海洋和大气层之外的空间，那里有很多地球上所缺乏的资源，包括太阳能、强辐射、高洁净、高真空、微重力、大温差、高远位置，以及月球、行星、小行星上的稀有矿藏等，开发这些资源对人类的发展具有重要意义。图 1－5 为太阳系的八大行星。

太阳每秒钟将 81 万亿千瓦的热能送到地球，相当于现今全世界每秒发电量的数万倍，因此，太阳是一个极其巨大的洁净能源宝库，充分利用太阳能前途无量。由于不受大气层的影响，地球轨道上的太阳辐射强度是地面的 2 倍，达 1.4 千瓦／米^2，所以在太空开发太阳能资源效率非常高。目前，航天器上的太阳能发电仅供航天器本身使用。随着地球能源的日趋紧张，一些国家已开始把建造太空发电站作为一种新的战略选择。初步设想是：太空发电站先把太阳的光能高效率地转变成电能，然后再通过微波或激光把电能发往地面。

太空中的宇宙辐射强度比地面大得多，并且是全谱段的。特别是宇宙高能粒子，这一资源是非常宝贵的，比如，大家熟知的太空育种，就是利用空间宇宙射线、交变磁场、微重力等特殊的太空环境因素对种子和微生物施加影响，使农作物种子产生在地面环境中得不到的变异，最终筛选出有着优异变异性能的农作物新品种。

在 200～500 千米高的低轨道空间，真空度为 10^{-4} 帕，而在 35 800 千米高的地球静止轨道上，真空度则为 10^{-11} 帕。太空中

知识链接

载人航天技术开辟"太空文明"新时代

历史上，远洋航海技术的兴起，直接带动了世界贸易的发展、世界市场的开辟，促进了近代科学取得一系列成就，开启了一个"全球文明"的时代。当今载人航天技术的兴起，则使人类走出了地球摇篮，到达浩瀚无垠的太空，开辟了"太空文明"的新时代。在这个时代，宇宙空间以其丰富的宝贵资源吸引着日益增多的人们去开发和利用。

的真空环境是地面人为的真空条件无法比拟的，十分有利于高纯度材料加工、蛋白质提取、药品研制等。在太空高真空环境中，物体被太阳直射的一面可以达到100℃以上的高温，而阴面则可以保持－100℃以下的低温，两者之间形成了很大的温差，而且非常稳定。这一特殊资源恰好是某些特殊应用梦寐以求的环境。

利用航天器的飞行，还可派生出轨道资源和微重力资源等。自从航天器问世后，科学家们首先想到的就是利用太空的轨道资源，因为站得高、看得远。站在珠穆朗玛峰上，能看到0.07%的地球表面；在离地面200千米高的轨道上，可以看到1.5%的地球表面；在距地面35 800千米的地球静止轨道上，则可以观察到42%的地球表面。利用高远位置这一有利条件，可进行遥感、通信、导航等。为此，旨在开发太空轨道资源的各种航天器竞相升空。在太空“制高点”上不仅可观地，也能望天，在那里进行天文观测不受大气层的影响，使全波段天文观测变得轻而易举。图1－6为航天员在轨道上对舱外进行拍摄。

微重力（重力加速度小于$10^{-4}g$）环境是一种宝贵资源，人类用这种资源已进行了地面上难以实施的科学实验（微生物、细胞、蛋白质晶体的生长、培养与分离）、新材料加工和药物制

图1－6 航天员对舱外进行拍摄

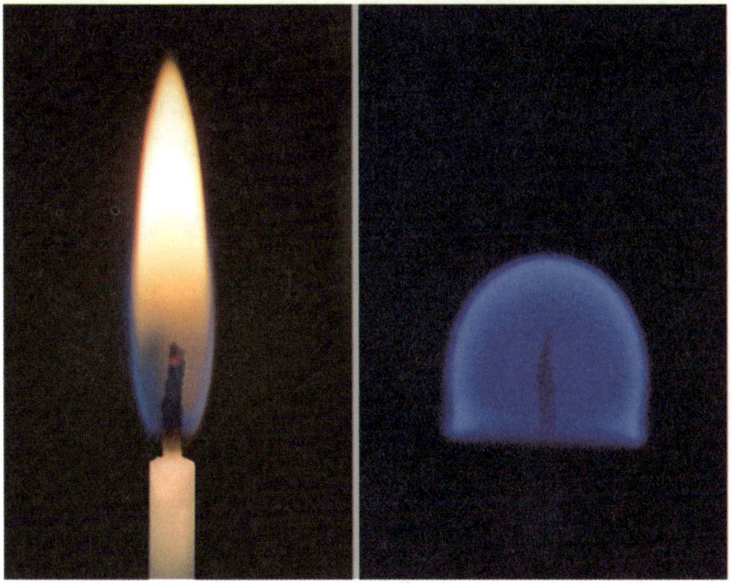

图1-7 在地面（左）和在太空微重力环境（右）中的蜡烛火焰比较

取等。因为在微重力条件下，气体和液体的热对流基本消失，不同密度物质的分层和沉积消失，即密度不同的液体可以相容在一起。这对生产极纯的化学物质、生物制剂、特效药品，以及均匀的金属基质复合材料、玻璃和陶瓷等都很有用。由于重力微弱，在太空冶炼金属时可以不使用容器，即采用悬浮冶炼，因而冶炼温度可以不受容器耐热能力的限制，进行极高熔点金属的冶炼，避免容器壁的污染和非均匀成核结晶，改善合金的金相组织，提高金属的强度。图 1－7 为在地面和在太空微重力环境中的蜡烛火焰比较。

太空还是一种旅游资源。人在太空可以欣赏美丽的地球和宇宙景色，体验微重力带来的奇妙的漂浮感觉。尽管目前每人每次太空旅游的费用高达几千万美元，但截至 2009 年 4 月，已有 6 名太空游客上天，其中 Word 软件之父西蒙尼（图1－8）还曾“二进宫”。现在，美国准备打造太空旅馆，现已发射了 2 个充气式试验舱，而俄罗斯则筹划太空行走旅游和月球旅游。

离地球最近的月球上有丰富的氧、硅、铁、镁、钙、铝、钛、锰等元素，还有地球上稀缺的理想核聚变发电原料——氦－3，有些科学家认为开发月球上的氦－3 是化解人类能源危机的可能

知识链接

微重力环境

航天器在环绕地球作圆周运动时，地球对它的引力完全充当了向心力，航天器内的物体（人）受到支持物的压力为零，从而产生失重环境。由于存在极为稀薄的大气微小阻力和其他摄动力，航天器内的环境达不到完全的零重力环境，而是微重力环境。

图1–8 两上太空的游客西蒙尼

途径之一。另外，月球上无大气，具有黑夜和低温时间长等有利的环境条件，是理想的科学研究和天文观测基地。今后，人类还可以开发小行星和彗星上的资源。金属型小行星上有丰富的铁、镍等金属，有的还富含金、铂等贵金属和珍贵的稀土元素；彗星上则有丰富的水冰。这些资源既可供地球上使用，也能用于在太空建设航天港和太空城。

3．五大效益很显著
——载人航天的意义

“工欲善其事，必先利其器。”为了开发太空资源，人类现已研制和发射了两大类航天器——无人航天器和载人航天器，其中无人航天器中的人造地球卫星用途最广，数量最多，已达5 000多颗。无人的空间探测器和载人航天器现也发射了约1 000个。1957年10月4日，苏联发射人类第1颗人造卫星时，谁也没想到50多年后的今天卫星有如此广泛的用途，它已成为当代社会中必不可少的基础设施，为人类社会的快速发展提供了强大的动力，并伴随核能、计算机等技术创新，使这50多年的发展超越了过去的几百年。

载人航天是航天技术向更高阶段的发展，现已逐渐显示出更为强劲的发展态势。不过，由于载人航天与无人航天有很大差别，使得这项先进技术像某些新技术一样，尚未表现出明显的优势。这并不奇怪，人类从发明独木舟、草筏开始，用了7 000年左右的时间才认清航海的真正价值和意义，而从1961年第1位航天员上天到现在，载人航天才经历了50年的历史，所以目前很难完全说清楚其价值和意义。

在当代发展载人航天，有以下五个方面的意义。

(1) 体现一个国家的综合国力，提升国际威望

发展载人航天需要依靠先进的科学技术、发达的工业基础和雄厚的经济实力，对当今世界的政治、经济和科技等诸多方面具有重大影响，已经成为衡量一个国家综合国力的重要标志。

20世纪六七十年代，中国发展了“两弹一星”，从而掌握了世界尖端科学技术和尖端武器技术，使中国在世界上有了应有的地位。它所产生的影响决不仅限于“两弹一星”本身，而是深入到国家力量、国家地位、国家经济实力和民族凝聚力之中，在政治、经济、军事和科学技术等领域彰显了国家的整体形象和力量。邓小平同志指出：“没有‘两弹一星’，就没有中国的大国地位。”

中国目前已先后把6名航天员送入太空（图1－9），这一壮举也像20世纪六七十年代中国拥有“两弹一星”一样，引起了全世界的广泛关注，大大提高了中国的国际威望和国际地位，振奋了民族精神，增强了全民族的自信心、凝聚力。

图1－9 中国第一代航天员

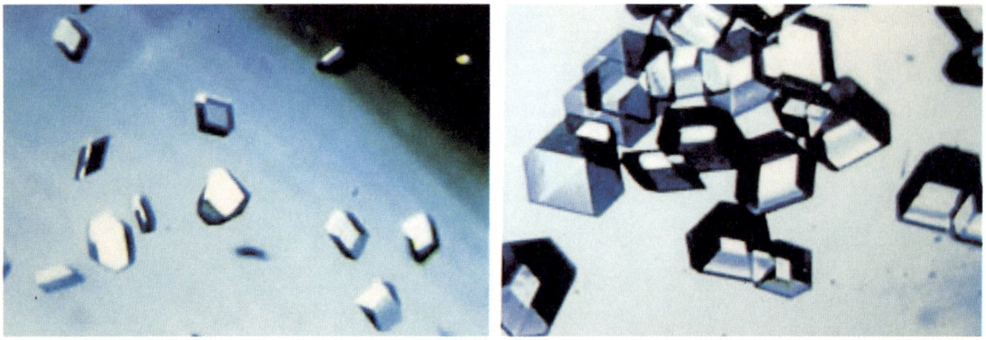

图1-10 胰岛素结晶地面生长（左）和太空生长（右）比较

（2）带动科学技术的全面、快速发展

载人航天技术能集中体现一个国家在各个技术领域的发展程度，同时又给各个技术领域提出新的发展需求，从而大大促进科技领域的发展，并为培养和造就航天科技人才作出贡献。

就载人航天器本身的研制和运行而言，它建立在系统工程、通信、遥感、推进、测量、材料、计算机、自动控制、环境控制和生命保障等多种学科、多种技术的基础上，所以大大推动了这些技术的进步。

另外，人在载人航天器上进行特殊条件下医学、天文学、地球科学和空间科学等许多学科的研究，也能取得在地球上很难甚至根本无法获得的科研成果（图1-10）。例如，目前正在建造的国际空间站上有多个实验舱，科学家可在上面运用当代最先进的试验手段进行化学、生物学、物理学及其他学科的研究。

在载人航天发展过程中创造的许多新技术、新工艺、新材料和新知识等，能带动传统产业的技术改造，提高生产率和经济效益。这些新技术现已广泛得到二次应用（间接应用），即把用于载人航天器的环境控制、遥测遥控、太阳电池、航天服等技术分别用于医药、地面通信、能源、运输和消费品等相关的行业中，取得了很高的效益。例如，航天飞机上使用的几种电池早已在市场上出售，尤其是镍镉充电电池，已被广泛使用。又如，为了避免载人航天器在再入大气层过程中由于外部的高温对航天器内部产生影响，美国航空航天局近年发明了一种薄如纸的新型防火材料，现在该材料开始用于建筑、汽车和船舶等。

图 1－11 美国航天员在穿液冷服

体现载人航天重大意义的最典型例子是阿波罗工程。20世纪60年代美国阿波罗载人登月计划的实施，带动了美国计算机、超高强度材料和耐高温材料等领域的一大批新兴科技工业群体的产生，后来因该工程出现的人工智能、机器人和遥控作业等许多技术成果又转移到民用方面，促进了科技发展与工业繁荣，它的应用效益远远超过了阿波罗工程本身直接带来的经济效益与社会效益。美国经济在20世纪的后20年之所以能够保持高速、高效增长，很大程度上得益于阿波罗工程派生出来的上千种应用技术成果在经济领域的应用，美国领先于世界其他国家的信息、生物、新材料等高新技术，很大一部分来自于对阿波罗工程技术的消化、优化和二次开发。

由于在太阳照射的一面，月球的表面温度高达127℃，因此，在实施阿波罗载人登月工程时，为了降温和确保登月航天员的生命安全，科学家研制了一种液冷服（图1－11、图1－12），

知识链接

运动鞋制造技术来源于载人航天成果

各类时髦的运动鞋是载人航天成果的“产物”，其“中空吹塑成型”制造技术来源于阿波罗登月航天服的制作。当时科学家为制作一件完整且厚度均匀、能耐受很大压力的航天服内胆，发明了把一团耐压软材料加热软化，放在一个模具中，然后再向这个模具中吹入高压气体的成型方法。之后，运动鞋制造商发现这种工艺可以快速高效地制作完整的鞋帮，于是开始广泛采用。2004年，在纪念人类登月35周年时，耐克公司一则气垫运动鞋广告吸引了人们的注意。这款畅销世界的气垫运动鞋，靠的就是公司当年为阿波罗研制登月靴积累的技术。

图1-12 航天员穿着带有液冷服的舱外航天服在月面行走

其原理是靠压力泵输送冷水循环制冷，相当于便携式空调。后来，这项技术直接应用于陆海空三军，改善了坦克兵、潜艇兵和飞行员的工作条件，提高了战斗力。

目前广泛使用的方便面调料中的干菜叶是从航天食品中的脱水菜转变而来的。脱水菜是将蔬菜中含有的水分脱去，以便储存、保管、运输，阿波罗工程中首先使用了这种技术，让航天员吃上了含有蔬菜的航天食品。风靡一时的“果珍”原本也是为航天员研制的饮料。

在载人航天技术的引领下，人们研制出了烟雾检测器、食品干燥剂、家电节能系统、太阳镜和无线电设备等，其中大众接触最多的购物计价用的条形码也是航天技术的杰作之一，它是美国为管理载人航天计划不计其数的元组件而发明的。载人航天技术还给人们带来了心率表、激光手术、数字温度计、彩色B超等设备和技术。重症监护病房也是应阿波罗计划对登月航天员进行健康检测的需要而诞生的。

载人航天技术广泛应用于普通百姓生活的例子更是随处可见。现已广泛普及的"尿不湿"，最初是为了解决航天员在长时间太空行走中的内急问题而发明的。

就中国来说，如果没有当年"两弹一星"等重大工程的带动和牵引，就不会有今天运载火箭商业发射服务，不会有核电站、卫星通信和航天遥感等产业的兴起，计算机及其应用行业、微电子行业的发展也会受到影响。载人航天工程的实施，更能带动和促进一大批相关产业的发展。

载人航天技术持续的开拓性和高度的综合性，决定了它的发展方向新颖、思路开阔，涉及学科、专业广泛，从而使它有高层次、多途径和全方位的渗透性，对各种技术领域的前沿研究都产生着深刻的影响。载人航天技术与其他科技互相渗透后又产生了不少新的交叉学科，扩大了其应用范围。例如，形成了空间生物学、空间材料工艺学等新的边缘学科。载人航天的应用效益主要体现在改变传统生产方式，创造新技术、新材料、新工艺和促进国民经济的增长等方面，而不能单纯以产品销售收益来衡量。

图1-13 空间生物学效应的实验研究

知识链接

载人航天工程社会效益显著

美国阿波罗载人登月工程历时约11年，耗资255亿美元。在工程高峰时期，有2万家企业、200多所大学和80多个科研机构参加，总人数超过30万。阿波罗工程促进了科技发展、工业繁荣、经济增长和社会进步。

中国载人航天工程也是动用了千军万马，从1992年到2008年，耗资200多亿元人民币，全国有110个科研院所、3000多家单位、约10万人参加。载人航天工程不仅推动了多项科技的长足进步，而且使工程管理水平获得了很大的提高。

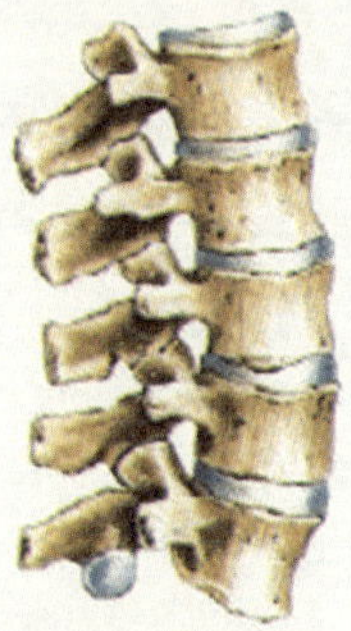

正常人体脊椎骨

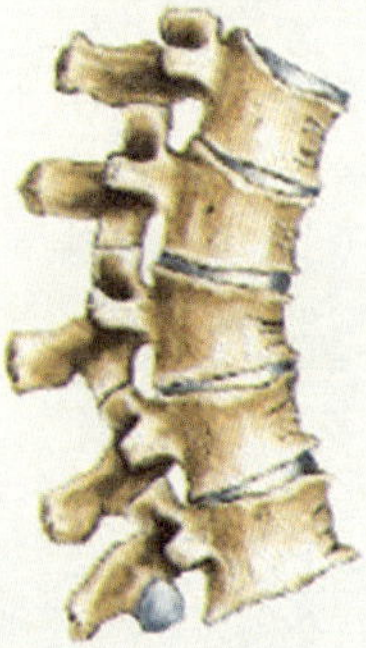

脱钙后的脊椎骨

图1－14 正常骨骼与脱钙骨骼比较

(3) 促进太空资源的开发，为人类造福

航天事业发展的前期着重于高远位置资源的利用，各种人造卫星均是利用高远位置资源有效地为人类社会服务，而在微重力等其他太空资源的利用上考虑得不多。载人航天将人类送入太空后，就可以充分利用微重力资源以及其他资源在太空进行各类科学和技术实验，改善地面生产工艺，提供在地面重力环境中难以生产或不可能生产的产品，为人类创造新的财富。

载人航天器所处的高远位置和微重力等特殊环境，可为科学研究提供一个理想的实验场所（图1－13），它在推动生命科学与生物技术、微重力科学与应用等许多方面正发挥着重要作用，并有望在一些前沿学科上取得突破性进展，为人类带来巨大的效益。

另外，通过研究微重力环境对人体本身的影响，如肌肉萎缩、心血管功能降低和骨质疏松（图1－14）等，可以使人们更好地了解人体系统和类似的疾病。目前已经取得的相关研究成果正用于完善早期诊断方法和预报许多疾病的恶化情况以及临床实践。

在太空环境中，航天员能制造出地面上难以制成的合金材料和“灵丹妙药”，这些材料和产品或半成品送回地面后，有可能会促进新的工业革命，并为发展全球经济创造新的增长点。一些国家已经在太空制药、太空育种和太空新材料加工等领域取得显著成果，并准备建造太空工厂，其效率和效益不可限量。

由于航天员们在太空能以各种手段对地球进行多角度灵活观测，所以能比无人的遥感卫星获取更多和更有价值的信息。利用载人航天器作为平台，科学家已开始研究地球上长

知识链接

空间生态学研究计划

空间生态学实验结果表明，太空飞行的不利因素（失重、辐射）并不妨碍基本生态过程的进行，但在许多情况下大大改变着生态过程的性质。科学家计划进一步弄清细胞、动物和植物对剧烈和长期重力变化的反应机制，包括生长、发育、再生、生命时间、基因完整性、老化对后代的影响等。

期的环境变化，有助于加深对森林、海洋和山脉的了解，以及全面认识火山、飓风和台风的影响。除自然变化外，科学家还能从太空观察并拍摄人为因素对全球环境造成的影响，如城市上空的烟雾、海洋污染等，从而及时采取措施解决。在地球物理领域，载人航天对于研究地球电离层和磁层是必需的，同时使得监测臭氧层状态、大气污染情况、预报地质灾害成为可能。

（4）满足科学发展和探索未知领域的需要

利用太空微重力、高真空、超洁净、深冷及太阳能资源，可进行微重力、材料加工、生命科学、生物技术和空间环境等领域的科学技术实验及应用，使人类更深入地了解被重力掩盖的、人类从未获得的物理现象本质，推动科学技术的进一步发展，从而为人类社会的发展提供新的动力。图 1－15 为航天员在空间站上观察小麦生长。

人类世世代代生存在重力环境中，人类的一切活动都离不开重力，一切定理、定律都是在这种环境中发现、发明的。失重环境是人类从未认识的陌生环境，失重环境会产生什么，会给人类带来什么，以前一直是人类无法获知的；而对天体物理、空间天文的探索，将为人类揭示宇宙奥秘、获知影响人类发展

图 1–15 航天员在空间站上观察小麦的生长情况

图1-16 组装中的礼炮3号军用空间站

的特殊信息、最终解开人类的许多未知之谜提供重要依据。

载人航天还能解决地球上存在的一些难以解决的问题。例如，地球能容纳的人口是有限的，大约80亿~110亿；联合国2009年3月11日发布的《世界人口前景》报告指出，到2050年，全球人口总数将从现在的68亿增长到90多亿。现在人类使用的能源中85%依靠煤和石油等非再生资源，属消耗性消费，地球上的有限资源总有一天会枯竭，因此现在就应该开始考虑能否派航天员到别的星球开发矿藏。这不是天方夜谭，因为类似载人登月等许多过去可望而不可即的神话和幻想，如今有不少都变成了现实。

（5）具有潜在的军事作用

在过去的战争中，谁取得了制海权、制空权，谁就在军事上取得了主动；而现在，军事专家们一致认为，太空是更高的制高点，太空活动在军事上具有特殊的重要作用，决定主动权的关键领域是太空，谁控制了太空，谁就取得了军事上的主动权。人在太空军事活动中如何更好地发挥作用，一直是世界各航天大国关注的重要方面。图1－16为组装中的礼炮3号军用空间站。

总之，载人航天的意义是巨大的，它无法用金钱衡量。21世纪的载人航天活动，将为人类历史的发展作出新的、更大的贡献。

4. 人在太空有神功
——载人航天的作用

载人航天具有“三高”特点，即高投入、高风险、高产出，为了降低成本和风险，就有人提出是否可以用无人航天器来代替载人航天器。有关这方面的争论一直到现在也没有停止。但大多数国家的专家在通过大量理论研究和科学实践后都认为，无人航天器无法代替载人航天器，所以，现在载人航天技术正在朝着深度和广度两个方向蓬勃发展。

由于载人航天器可以由航天员直接操作，所以它大大提高了航天活动的效益，大大扩展了航天器的功能和用途，对人类社会的文明和进步有巨大的推动作用。例如，①利用人的智能

图1–17 航天员使用照相机进行观测

知识链接

太空观测，大有可为

实践证明，人在太空对地面目标实施观测与监视具有许多优点：可以对观测目标进行选择，并随时调整观测仪器和排除故障，还能对所观测到的数据进行预先处理和判读，因此比遥感卫星更有选择性、针对性、及时性和综合性。

与思维能力，可在太空进行有效载荷的实验研究，无论是航天医学和生物学实验，还是生产、制造药物与器件，大都离不开人的照料与操作，并要求有人来随时观察、记录、分析与处理数据，修改程序，处理意外情况和进行样品补给等；②利用人的敏锐观察能力、分析判断能力以及机动灵活能力，可更有效地进行“观天看地”活动（图1－17），远胜于遥感卫星的能力；③利用人所具有的灵活操作能力，可完成航天器在太空的装配、拆卸、检测、维修、更换部件、实验操作和对接控制等复杂任务（图1－18）；④利用人的主观能动性和随机应变能力，可避免和减少航天器发生事故，排除故障，化险为夷。

至今，人已在太空进行了多种卓有成效的在轨服务。例如，由于航天员的多次维修，使美国的天空实验室和苏联的和平号空间站转危为安，使哈勃太空望远镜的视力得到矫正(图1－19)。这些都证明了人在太空的重要作用，特别需要指出的是，人具

图1－18 航天员在轨组装国际空间站

图1-19 航天员维修哈勃太空望远镜

有完成本来没有安排的空间维修任务的能力。

综上所述，航天员在太空的主要作用可归纳为5个方面：研究探索、太空生产、飞行监控、维修装配、相互支持和照料。

①科学研究和探索是指航天员在太空飞行中，根据每次飞行任务的要求完成规定的空间科学研究、实验和探索任务，以便获得新的数据、新的知识和新的认识。

知识链接

太空维修立大功

航天员乘坐航天飞机曾经对多颗卫星成功地进行了太空维修，使它们又重新恢复了正常工作能力。其中对哈勃太空望远镜的维修是迄今为止规模最大、次数最多、最为复杂的航天器太空维修任务。哈勃太空望远镜是目前在太空运行的最大的望远镜，全长12.8米，镜筒直径4.27米，质量为11吨，研制费25亿美元。哈勃太空望远镜具有极强的观测能力，相当于可以看到6万千米外的一只萤火虫的亮光。它所拍摄的绚丽多彩的宇宙天体和宇宙现象照片，为天文学家更深入地了解宇宙提供了前所未有的丰富资料，取得了重大成果。美国至今已经对哈勃太空望远镜进行了5次太空维修，使它的工作寿命延长到20多年。

图1－20　正在空间站工作的女航天员

②太空生产是指航天员在太空飞行中，为了工业和商业价值而利用太空资源（如微重力、高位置、太阳能和强辐射等）完成太空加工、制造和开发工作（图1－20）。

③飞行监控是指航天员在太空飞行过程中，完成对航天器的监视、操作、控制和通信等任务，保证航天器的正常运行。这项工作对于各种航天器和每一次飞行都是必需的。

④航天器的维修和装配是指航天员在太空飞行中，对航天器进行维护、检修和装配。这项工作对于各种航天器和每一次飞行也是必需的，对于复杂的航天器和飞行任务，这项工作则显得格

知识链接

太空机器人
—— 航天员的好伙伴

现在，太空机器人已得到广泛应用，所以不少人在问：航天员与太空机器人，是对手还是伙伴？

一种观点认为，人可以随机应变，能在复杂、多变和预想不到的环境中完成任务，而机器人只能完成人们预先给它设计好的任务；另一种观点认为，凡是在太空由人来做的科学实验，用机器人也可以完成，国际空间站上的科学实验，用无人飞船和太空机器人也能完成，而且花钱不多。

其实，航天员与太空机器人并不是对手，而是共同工作的伙伴，在未来的航天活动中，两者缺一不可，其优缺点正好互补。因为机器人无论多先进、多“聪明”，都只能是航天员在太空使用的一种工具，在任何情况下，工具都不可能完全取代人。

外重要。

⑤相互支持和照料是指航天员在太空飞行中，乘员组应作为一个整体来执行飞行任务，乘员之间在生理和心理上互相支持与照顾，能保证安全、健康和高效地工作。

另外，航天器上有人，还可实现人与自动化系统的结合，相互取长补短，这比单纯的自动化系统在工作效率、安全性、可靠性和经济性等方面都会取得明显改善。

总之，由于有航天员直接操作，载人航天器大大扩展了其功能和用途，这对人类的文明和进步具有不可估量的巨大推动作用。

5．登天为何这样难
——载人航天的难点

现在，已有不少国家能够自行研制火箭和人造卫星，但掌握载人航天技术的国家却寥寥无几。其中的主要原因是太空环

表1–1 在载人航天飞行中殉职的航天员

姓名	国籍	失事时间	载人航天器	事件
弗拉基米尔·科马罗夫	苏联	1967.4.23	联盟1号	再入后，降落伞未能打开
维克多·帕萨耶夫 格奥尔基·多布罗沃斯基 弗拉基斯拉夫·沃尔科夫	苏联	1971.6.30	联盟11号	再入前，压力平衡阀提前打开
格里高利·贾维斯 克里斯塔·麦考利芙（女） 罗纳德·麦克奈尔 埃里森·奥尼祖卡（日本裔） 朱迪思·雷丝尼克（女） 弗朗西斯·斯科比 迈克尔·史密斯	美国	1986.1.28	挑战者号	右侧固体火箭助推器的O型橡胶密封圈损坏，升空后73秒发生爆炸
里克·哈兹班德 迈克尔·安德森 劳瑞尔·克拉克（女） 大卫·布朗 威廉·麦库尔 卡尔帕纳·乔娜（女，印度裔）	美国	2003.2.1	哥伦比亚号	左翼前缘的防热瓦受损，再入大气层时轨道器解体
伊兰·拉蒙	以色列	2003.2.1	哥伦比亚号	左翼前缘的防热瓦受损，再入大气层时轨道器解体

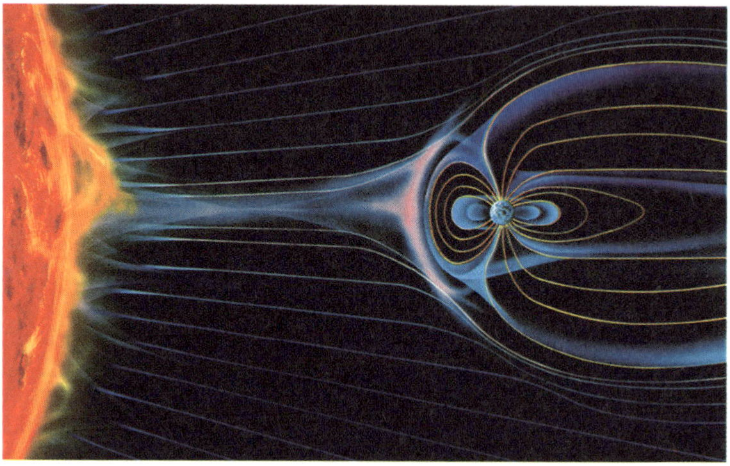

图 1－21 太阳风和地球磁场

境非常严酷，要确保人在这种环境下的正常生活与工作是极其困难和昂贵的。虽然太空的高真空、高洁净、强辐射等环境对太空育种、材料加工等具有重要作用，是宝贵资源，但人在这种太空环境中，将面临失压、缺氧、高低温和辐射损伤四大危险，所以必须采取一系列复杂措施，才能安全地进行载人航天活动。表 1－1 为在载人航天飞行中殉职的航天员名单。

太空是一个强辐射环境，例如，银河系有银河宇宙线辐射，太阳有太阳电磁辐射、太阳宇宙线辐射（太阳耀斑爆发时向外发射的高能粒子）和太阳风（由太阳日冕吹出的高能等离子体流）等（图 1－21）。许多天体都有磁场，磁场俘获上述高能带电粒子，会形成辐射性很强的辐射带，如在地球的上空就有内外两个辐射带，其中内辐射带对载人航天的影响较大。太空中存在的这些看不见、摸不着的各种射线和高能粒子对人类是有害的，能穿透普通的衣服，深入人体。若超过人体耐受空间辐射剂量的上限（100 拉德），就会影响消化系统，损伤视网膜神经和脑神经，引起内脏器官病变，甚至致人于死地；若辐射剂量小，但照射时间长，累计效果也将导致寿命明显缩短。

为此，绕地飞行的载人航天器轨道高度一般在 300～500 千米，因为如果再高将进入或接近地球辐射带，那里的高能粒子能穿透航天器，对航天员造成伤害。而轨道高度若低于 300 千米，则稀薄大气阻力明显增加，需要消耗大量的推进剂来维持

知识链接

行星环境，千差万别

太阳系中的其他行星、卫星上的环境也很不相同。比如，水星、月球没有大气，火星有稀薄的大气，金星、木星有浓密的大气；水星、金星、火星、月球有固体表面，木星、土星、天王星、海王星没有固体表面；金星表面温度高达 470℃，而冥王星表面温度低至 −253℃。

轨道运行。

由于太空是一个高真空环境，300～400千米高度处的大气压力为地面的百亿分之一，而人类一直生活在地球大气的底部，身体的内外都受到大气压力的作用，身体内部的器官和组织都充满空气，所以，人类一旦进入太空，如果没有与地面生活相适应的压力环境，身体外部的大气压力急剧降低，体内的空气会迅速膨胀，溶解在血液中的氮气就会分离出来，形成气泡，阻塞血管，或因内脏、器官的胀裂而丧命。另外，太空有高速运动的尘埃、微流星体和流星体以及太空垃圾，它们具有极大的动能，这也会给人类带来致命的伤害。

除遇到上述自然环境外，在太空飞行的航天器还有一些独特的诱导环境，即在太空环境作用下航天器某些系统工作时产生的环境。比如，航天器在太空中飞行，由于没有空气的对流和扩散作用，物体在太阳光照射下，可产生100℃以上的高温，在运行到见不到太阳光的阴面时，热量会很快散发到寒冷的宇宙空间，温度会迅速下降到－100℃以下；航天器在加速上升和减速返回时，正、负加速度会使航天器上的一切物体产生巨大的超重，使航天员要经受4～5倍于地球表面重力的超重过载；在重返大气层时，由于航天器表面与周围空气的急剧摩擦，导致其表面温度极高。在上述这些极端特殊环境中，如果没有防护，人是不能生存的。

长期失重可导致航天员出现多种生理、病理现象，主要表现为心血管功能障碍、骨质（钙）丢失、免疫功能下降、肌肉萎缩、内分泌机能紊乱、工作能力下降等。

知识链接

失重环境对人体的影响

长期失重环境对人体的骨骼、肌肉影响较大，据测定，航天员普遍发生一定程度的骨钙丧失和肌肉萎缩。美国天空实验室上的航天员在连续84天飞行后，跟骨失钙7%，且站上3名航天员在太空的身长都增加了2.5厘米，直至回到地面才恢复正常。医学专家们说，这是由于失重使脊柱载荷消失，椎间盘弹性伸展的结果。苏联1名航天员在太空飞行了237天后体检发现，其腰椎海绵状骨密度下降了10%。

图1－22 国际空间站的氧气生产设备

所以，人要上天很难，必须乘坐专门设计、与外界隔绝的载人航天器才能在太空中安全地生活和工作。如果要离开航天器进入开放的太空，就必须穿上特制的舱外航天服。当然，这还远远不够，还需要很多其他系统的支持。简单地讲，载人航天必须满足3个基本条件。

一是要拥有强大的运载工具，以克服地球引力，而且其可靠性要求极高。例如，发射中国神舟号飞船的长征2F火箭是在发射卫星的长征2E火箭的基础上改进而成的，它们的运载能力几乎一样，低地球轨道的运载能力约为8～9吨，但两者却有很大的不同：长征2F在长征2E的基础上增加了故障检测处理和逃逸系统，并大大提高了火箭的可靠性，即由长征2E的91%提高到97%。

二是要研制出能仿造地球生活基本条件的载人航天器。它比无人航天器复杂得多，需要增加许多特设系统，以便有合适的空气成分、温度、湿度等，从而满足航天员的生活和工作需要，并且可以安全返回。例如，载人航天器具有环境控制和生命保障系统（图1－22）、供航天员使用的报话系统、仪表和照明系统、人机对话操作控制台、航天服、应急逃生装置等特设系统与设施设备，来为航天员提供服务。另外，载人航天器有相应的活动空间，结构密封性能一定要好；还要有返回地球所需要的装备，即返回着陆系统。

三是应弄清太空环境和飞行环境对人体的影响，因为即使有了载人航天器，仍有很多问题要解决。载人航天器上狭小的生活环境、失重，以及火箭推进形成的振动、噪声和加速度等仍直接威胁着人体的健康与安全，所以必须找到有效的防护措施。

6. 与众不同别样红
—— 载人航天的特点

与无人航天器相比，载人航天器主要有以下 5 个特点。

首先，载人航天器上航天员工作和生活的舱体结构密封性能一定要好，使舱内维持规定的大气压范围。当然，绝对密封是不可能的，需要不断补充气体，但是必须防范意外的泄漏，以免造成灾难性事故。舱内航天服是一种在舱内短时失压环境中穿着的特殊服装，一般是在载人航天器上升、返回等易出现故障的时段内使用。1971 年6 月30 日，3 名苏联航天员在返回地面之前全部死于联盟号飞船里，其原因是飞船的座舱漏气，而他们又没有穿舱内航天服，使航天员因急性缺氧、体液沸腾而死亡。

第二，载人航天器必须有环境控制和生命保障系统。它是一个集机、电、热技术，医学和环境工程于一体的复杂系统，除用于维持舱内规定的气体压力外，还负责调节气体中氧和氮的比例；排除人体呼出的二氧化碳和其他有害气体；保持舱内对人体最合适的温度（一般保持在18～25℃）和湿度。在失重状态下，载人航天器舱内的空气不会自然对流，因此里面的温度和湿度很不均匀，舱内的热量也很难排除，故必须配置通风设备，进行强迫对流通风。载人航天器还要为航天员提供饮用水、洗涤用水、食物、睡袋、大小便收集器等最基本的生活条件。在大型载人航天器中，还有卧室、厨房、餐桌、厕所、运动器械等设施。

第三，载人航天器一定要有高安全性、高可靠性，这在载人航天中最为重要。为了保证万无一失，载人航天器中一些关键部件采用双备份甚至三备份，而且在上天前要进行大量的地面测试和模拟飞行任务，以排除隐患。中国神舟号飞船上的有

知识链接

航天飞行对人体的影响

载人航天器的飞行高度和速度比飞机高1个数量级，尤其是在起降过程中，巨大的加速度、高强度的噪声、剧烈的振动和猛烈的冲击都会对载人航天飞行有较大的影响。在载人航天器发射和返回过程中，人体所承受的加速度可使人体内部的液体和组织发生位移，引起胸痛、呼吸困难、肌肉紧张、视力模糊，甚至会导致死亡。如果没有有效的应对措施，会危及航天员的生命。

图1－23 吊装逃逸救生塔

些设备，如姿态控制系统的陀螺和敏感器等，还采取了功能备份，当设备中的某个部分发生故障时，系统通过重新组合，仍可以保证系统功能的正常发挥。

第四，载人航天器要有应急救生装置。目前，载人飞船上的应急救生装置比较完善，有弹射座椅或逃逸救生塔等多种方式，它们在飞行的不同阶段各有各的用途。像飞机一样的弹射座椅只适用于20千米以下的救生，速度快，但较危险，早期的苏联东方号和美国双子星座号飞船采用这种方式，但它不能用于超低空救生（东方号飞船起飞后25秒内没有救生措施），因此，这种应急救生方式是不完善的。逃逸救生塔（图1－23）可适合中低空救生，在飞船发射时，一旦火箭出现重大险情，可能危及飞船和航天员的安全时，逃逸救生塔的火箭就立即点火，拉着飞船轨道舱和返回舱迅速脱离火箭，飞行至安全区域，然后返回舱安全着陆；苏联／俄罗斯联盟号系列、美国水星号和阿波罗号、中国神舟号等飞船都采用这种方式。空间站用长期停靠的飞船作为“救生艇”，如遇紧急情况，站内的航天员可乘这种“救生艇”迅速返回地面。

第五，作为天地往返用的载人飞船和航天飞机还一定要安全返回。这是载人航天的最后一个环节，也是非常危险的一个环节，2003年哥伦比亚号航天飞机就是在返回时失事的。另外，还要保证其落点精度，以便及时发现救援。苏联一艘飞船就曾因落点偏差太大，结果使救援人员寻找困难，受困于冰天雪地森林中的航天员险些被冻死。

已经使用过的载人航天器着陆方式有3种：垂直降落于陆地、垂直降落于海洋、水平着陆于跑道。着陆方式的选择与国家的地理条件、陆地和海上救援力量、技术水平等因素有关。苏

知识链接

神舟号飞船的安全措施

在最初设计神舟号飞船时，就对航天员在太空中的生存环境提出了严格的保障措施要求。对神舟号上所采用的非金属材料进行了严格的筛选，控制其逸出的有害气体量，并保证它们具有良好的阻燃特性。神舟号上还配置了烟火检测系统和灭火器，一旦发现火情，航天员可以利用灭火器灭火。

图1-24 神舟号飞船返回舱即将着陆

联／俄罗斯拥有广阔的陆地，其飞船选择着陆于陆地。美国海上力量强大，其飞船选择在海上溅落的着陆方式。中国也是拥有广阔陆地的国家，其飞船也选择在陆地着陆。航天飞机具有很强的机动能力，可以瞄准固定的跑道着陆，选择在跑道上水平着陆。

载人飞船与返回式卫星的返回过程有较大差别。首先，由于载人飞船返回舱载有航天员，所以对回收着陆系统的要求更

知识链接

载人航天器的应急返回

在轨道运行期间，如果载人飞船或航天飞机出现重大故障而不能继续运行时，就需要提前执行返回程序。它们根据当时轨道相对于地面的位置，选择在主着陆场或应急着陆场着陆，而且舱内都备有应急的生活用品(如食物、饮水、通信装备等)，航天员将发挥在孤立无援困境下的自救生存能力，以等待救援人员的到来。

高；更重要的是飞船返回舱再入大气层时产生的过载应不大于4～5g，而且应尽可能缩短最大过载的持续时间，而卫星没有这个要求；飞船落地时的速度要控制在6米／秒以内，一般为3米／秒，而卫星落地时的速度可放宽到15米／秒以内。为此，飞船返回舱离开运行轨道时，要采用升力控制返回轨道，即严格控制制动减速的大小和方向，使返回舱的再入角(速度与当地水平线所成的俯角)很小，在返回过程中缓慢下降。在距地面10千米左右高度时，返回舱的回收着陆系统开始工作，先后拉出引导伞、减速伞和主伞，使返回舱缓缓下降，并抛掉防热大底，在距地面1米左右时，启动反推发动机，使返回舱实现软着陆。图1－24为神舟号飞船返回舱即将着陆的情形。

知识链接

载人航天器的防热

在航天器最外面设置有防热层，一般由防热结构（外层）和隔热结构（内层）组成。前者的作用是在强烈加热环境中维持航天器的原有（气动）外形，主要防热形式有3种：美国双子星座号飞船采用吸热式防热方式，防热材料为铍合金；航天飞机采用辐射式防热方式，防热材料为陶瓷防热瓦；美国阿波罗号飞船、苏联／俄罗斯联盟号飞船、中国神舟号飞船采用烧蚀式防热方式。防热层与航天器金属结构之间有一层由热导率极低的材料构成的隔热结构，将烧蚀过程中防热材料产生的高温隔绝在金属结构之外，保证金属结构的温度处于合适的范围内，由此来保证返回过程中航天器结构的工作性能，并使座舱内的温度一直保持在航天员感觉比较舒适的范围内。

第二章

太空时代已来临

—— 载人航天器的历史及现状

经过几十年的发展，人类现已研制出载人飞船、航天飞机和空间站 3 种载人航天器。它们各有所长，相互补充，目前都活跃在载人航天的“第一线”。

1. 条条天路通宇宙
—— 载人航天的路线

人类要想进入太空，首先要解决的是运载工具问题，因为要想飞到“九霄云外”，必须克服地球的强大引力，而且茫茫太空没有空气，飞机是无能为力的。20 世纪初，俄国的齐奥尔科夫斯基推导出火箭运动的基本公式（图2-1），并从理论上证明：按照当时的工业技术水平，用单级火箭达不到宇宙速度，必须用多级火箭以接力的方式才能进入宇宙空间。他还指出，液氢液氧是最理想的推进剂；由于到其他星球上去要经过真空区，所以载人宇宙飞船必须携带空气；飞船上需要有密封座舱，且舱中的空气必须不断净化，为乘客提供新鲜空气；飞船返回时可利用地球大气阻力制动（“刹车”）。后来，这些预言都实现了。1926 年 3 月 16 日，美国人戈达德成功发射了第一枚液体燃料火箭，这是宇宙航行史上一个重要的里程碑。

图 2－1 齐奥尔科夫斯基推导的火箭运动速度的基本公式

经过几十年的发展，人类现已研制出宇宙飞船、航天飞机和空间站 3 种载人航天器。它们各有所长，相互补充，目前都活跃在载人航天的“第一线”。

按运行轨道它们又可分为两类，载人飞船和航天飞机属于一类，主要用于接送航天员和货物，且在太空飞行时间一般不超过 20 天，所以又称为天地往返运输器；空间站属于另一类，它可在太空长期运行，不返回地面，主要用于空间科学研究、太空生产、观天看地和在轨服务等。

在 3 种载人航天器中，载人飞船技术最简单、费用最便宜、在轨飞行时间最短，成为首先用于突破载人航天的基本技术。它是一种乘载航天员较少（3 人以下），能在太空短期运行（最多十几天），并可以使航天员返回舱沿弹道式或升力弹道式路径

图 2–2　世界第 1 艘载人飞船东方 1 号

返回地面、垂直着陆的一次性使用无翼航天器（图 2–2）。从飞行范围讲，载人飞船有近地轨道飞船、登月飞船和行星际飞船 3 种。

空间站相当于“宇宙城堡”，是一种容积大、寿命长，适于航天员在太空开展科研和试验以及组装和维修的大型航天器。它在轨运行期间由载人飞船或航天飞机接送航天员、运送物资和设备。至今，全世界已建造了 10 座载人空间站，包括苏联／俄罗斯 8 座，美国 1 座，以及美、俄等 16 个国家现正在建造的国际空间站。这些空间站分为单舱式空间站和多舱式空间站两大类，前者是指用运载火箭一次就能送入太空轨道运行的空间站，有试验型和实用型 2 种；后者则是由多个舱段在轨道上组装而成的空间站，有积木式构型和桁架式构型 2 种。

由于载人飞船太小，满足不了日益增大的空间站运输需求，所以美、苏又研制了可部分重复使用、运输能力大大超过载人飞船的航天飞机。但是，只有美国的 5 架航天飞机先后投入实际应用（其中有 2 架已失事），每架航天飞机上天时可容纳 4～7 人，能把 20～30 吨货物带入太空，并运回 10 多吨货物。截至 2010 年 4 月，美国航天飞机已发射了 131 架次。航天飞机以其特有的重复使用性、多用途性和良好的环境条件，为人类的航天活动开辟了全新的途径，但由于成本高、风险大，所以将在 2010 年以后退役。

空间站（图 2–3）体积大，能长期在太空运行，是开发太空的理想基地，但它一旦上天就不能返回地面，直到寿命终了陨落销毁。所以，在研制空间站之前，必须先研制用于运送人员的天地往返运输器。

20 世纪国外载人航天器技术基本是沿着近地轨道载人飞船—登月载人飞船—试验性空间站（即空间实验室）—实用性空间站—航天飞机—积木式长久性空间站—桁架式永久性空间站

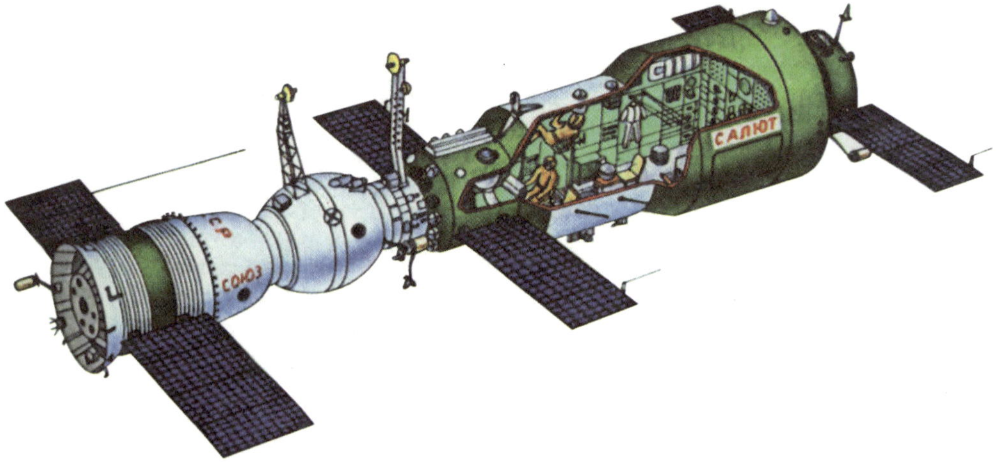

图 2–3　世界第 1 座空间站礼炮 1 号

的轨迹发展。但苏联／俄罗斯与美国又不尽相同。

苏联／俄罗斯载人航天采用的是循序渐进的方式，重视继承性，其途径是：近地轨道载人飞船—试验性空间站—实用性空间站—积木式空间站—航天飞机—桁架式空间站。苏联／俄罗斯很重视载人飞船和空间站的研制，并慎重稳妥、最大限度地利用了成熟技术，所以先后发射了上百艘飞船并独自建造了 8 座空间站。由于经济和政治等多种原因，苏联／俄罗斯只发射过 1 次航天飞机。

美国载人航天采用的是争先跳跃的方式，重视先进性，其途径是：近地轨道载人飞船—登月载人飞船—试验性空间站—航天飞机—桁架式空间站。美国发射了 7 艘载人登月飞船（其中有 6 艘登月成功）和上百架次航天飞机，但由于过于注重先进性而缺乏连续性和继承性，所以只独自建造过 1 座空间站。

主要采用桁架式构型的国际空间站是美国、俄罗斯等 16 个国家联合建造的，它反映了目前载人航天的发展趋势。其中欧洲为国际空间站建造了哥伦布实验舱和自动转移飞行器等，日本为国际空间站建造了希望号日本实验舱和 H T V 转移飞行器等，加拿大为国际空间站建造了大型机械臂。在此之前，欧洲还多次利用美国航天飞机搭载了自行研制的空间实验室。

进入 21 世纪后，国外载人航天路线图有所变化。俄罗斯的载人航天路线图大致为：大型可重复使用多功能飞船—多舱式空间站—载人火星探测；而美国的载人航天路线图大致为：大型可重复使用多功能飞船—载人月球基地—载人火星探测。

图 2–4　中国第 1 艘载人飞船神舟 5 号

中国载人航天工程是一项跨世纪工程，按照“三步走”的发展战略实施：

第一步，以飞船起步，发射无人飞船和载人飞船（图 2–4），

图 2–5　中国即将建造的空间实验室

知识链接

出舱活动与空间交会对接

出舱活动和空间交会对接是开展载人航天活动必须突破的重要基本技术。掌握出舱活动技术主要有五大用途：一是在太空组装、扩建大型空间站；二是在太空维修、维护、升级航天器；三是较方便地完成回收与释放卫星以及科研等任务；四是用于紧急太空救援；五是建立月球基地和载人火星探测等。“造船为建站，建站为应用。”载人飞船的主要用途是为空间站提供运输服务，所以必须攻克空间交会对接技术，这样才能把航天员和所需物资及设备运到空间站上。

将航天员安全地送入近地轨道，进行适量的对地观测及科学实验，并使航天员安全返回地面，实现载人航天的历史性突破。

第二步，在第一艘载人飞船发射成功后，继续突破航天员出舱、航天器交会对接等关键技术，研制并发射空间实验室（图2－5），实现航天员中期驻留，开展一定规模的空间应用。

第三步，研制并发射载人空间站，开展较大规模和较高水平的空间应用。

21 世纪各国载人航天有一个明显的共同点是：都在倾力打造新型载人飞船。美、俄新一代飞船的特点如下：一是运载能力增加，每次可运载6 人；二是可部分重复使用；三是有多种用途，能飞往空间站、月球和火星。另外，美、俄均把载人火星探测作为最终目标。

2. 太空之舟面面观
—— 飞船的现状

自从1961 年4 月12 日苏联航天员加加林乘坐东方号载人飞船升空，成为世界航天第1 人至今，苏联／俄罗斯、美国、中国等已陆续研制、发射了多种飞船。

（1）类型多种多样

飞船主要有载人飞船和货运飞船两类，其中载人飞船又可分为近地轨道、登月和行星际载人飞船3 种，前2 种已在20 世纪发射成功，后1种有望在21世纪“亮相”太空，且很可能是载人火星飞船。目前，发射最多、用途最广的飞船是近地轨道载人飞船。这种飞船像卫星一样在离地面几百千米的近地轨道上飞行，飞行速度为第一宇宙速度。其他两种飞船飞行速度要接近或达到第二宇宙速度。从构型上讲，载人飞船先后发展了3种，即1舱式（图2–6）、2舱式和3舱式（图2–7）。

图2–6 美国水星号1舱式飞船

目前，活跃在载人航天第一线的飞船有俄罗斯的联盟TMA和中国的神舟号，它们都是3舱式飞船。其中载人的轨道舱、返回舱为加压密封舱，能保证航天员的生活和工作环境，可谓“一室一厅”。作为“一室”的返回舱是在发射、返回和控制飞船运行过程中航天员的处所；作为“一厅”的轨道舱是航天员生活和科研的场所，也可作为出舱活动时的气闸舱。

轨道舱也称工作舱或生活舱，它位于返回舱前面，增加了

图2–7 俄罗斯联盟系列3舱式飞船

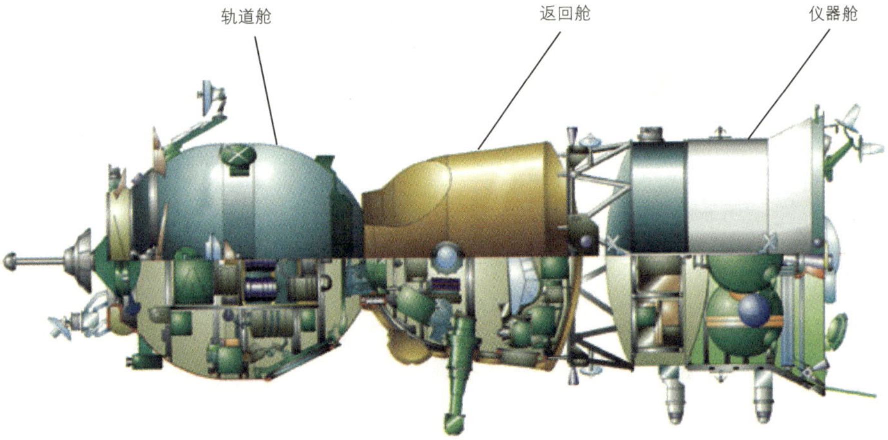

图2–8 航天器上的"异体同构周边"对接机构

航天员的活动空间，一般为航天员在轨工作和生活的场所，里面装有多种生活设施、试验设备和仪器等。其前面装有对接机构（图2－8）或附加段。

返回舱位于飞船中部，是载人飞船发射和返回过程中航天员乘坐的舱段，也是飞船的控制中心。它不仅和其他舱段一样要承受起飞、上升和轨道运行段的各种应力和飞行环境，而且还要经受返回时再入大气层阶段的减速过载和气动加热。该舱内设置了可供3 名航天员斜躺的椅盆（即座椅），座椅对面是仪表盘、控制手柄和光学瞄准镜，还装有照明灯和通信设备等最必需的设备。

推进舱又叫服务舱，或设备舱、仪器舱，它一般对接在返回舱后面，通常安装有推进系统、电源、气瓶和水箱等设备，起保障和服务作用，即为飞船提供动力和电源，进行姿态控制、变轨和制动，并为航天员提供氧气。推进舱装有大推力的主发动机、姿控发动机和平移发动机，两侧还装有主太阳电池翼。

对接机构与返回舱（2 舱式飞船）或轨道舱（3 舱式飞船）相连，用于与其他飞船或空间站对接和分离。图2－9 为美国阿波罗号飞船与天空实验室对接剖视图。

看到这里，细心的读者可能会问：飞船为什么要采用分舱

知识链接

飞船返回舱

返回舱的外形设计十分重要，通常采用无翼的大钝头旋转体，有的是球形（东方号），有的是漏斗形（双子星座号），有的是钟形（联盟号和神舟号）。采用钟形外形具有结构简单、工程上易于实现等特点。返回舱一般均有视野开阔的舷窗，以便于航天员对外观察。太空飞行中光线的明暗对比度极大，交替变化也很快，很难适应，并有可能造成视觉的幻觉，因此舱内均有特殊的照明系统。舱内柔和的光线和明亮的光照度，可使航天员清楚地分辨仪表读数，了解飞船的工作状态，通过操控设备对飞船进行控制。

图 2－9　美国阿波罗号飞船与天空实验室对接

设计？这是因为，飞船在返回地面时，出于减速、防热及结构上的需要，返回质量越小越好。为此，真正返回地面的只有返回舱，这是飞船采用分舱设计的重要原因，它像飞机要抛掉空的副油箱和多级火箭要抛掉熄火后的子级一样，为的是“轻装下阵”。

（2）用途非常广泛

苏联、美国和中国的载人航天都是从飞船起步的，因为它在技术上较简单，所需投资较少，研制周期也短，容易突破并掌握载人航天的基本技术，其中包括太空行走、空间交会对接等。苏联甚至在后来的空间站建造上也大量应用了飞船的技术和成果，从而节省了研制时间和费用。

飞船最重要的用途之一就是为空间站运送航天员和物资。以前苏联／俄罗斯的礼炮号系列空间站、和平号空间站及美国的天空实验室，天地往返交通工具都是飞船，它们立下了汗马功劳。苏联联盟 15 号飞船，曾在礼炮 7 号空间站与和平号空间站间来回飞行并对接，成为世界上第 1 辆太空“公共汽车”。

人在空间站内长期工作和生活，随时都可能出现危险，例如，航天员突发急病，空间碎片或流星击穿航天员生活的压力舱舱壁等，这时就需要航天员马上撤离空间站，返回地面。由于飞船体积小、质量轻、成本低，因此很适宜作为“救生艇”长期停靠在空间站，且给空间站带来的负担也不大。1984 年苏联礼炮 7 号空间站出现严重故障时，就是用停靠在站上的联盟号飞船把站上的 2 名航天员紧急撤回地面的。1998 年开始建造的国际空间站也一直用联盟号系列飞船作为救生艇。

近年来，俄罗斯正积极用联盟号系列载人飞船开展太空旅游业务，截至2010 年4 月，已把7 名太空游客（8 人次）送上国际空间站。

货运飞船是从载人飞船演变过来的。由于发展大型空间站使运货量增加，于是苏联从1978 年开始把联盟号载人飞船改装成无人货运飞船，即去掉了联盟号飞船上的座椅、环境控制与生命保障、返回着陆和应急救生等系统。这种人货分开的运输方式，既能增加货物的运载量，又能降低成本，还很安全，可以说是苏联的一个创新。改装后的飞船称为进步号，每次飞行可为空间站送去2 吨多物资，而载人飞船只能携带几百千克的物资。现在，俄罗斯每年向国际空间站发射2 艘载人飞船、4 艘货运飞船。

货运飞船在空间站的轨道维持方面也能发挥重要作用。目前，国际空间站主要靠进步号货运飞船进行轨道维持。它经常用于提升空间站的轨道高度，以抵消大气阻力的影响，并使国际空间站与将要与之对接的航天飞机处于最佳对接位置。

实践证明，飞船实现人货分开有利于提高人员运输的安全性和货物运输的经济性。因此，欧洲和日本也为国际空间站研制了运载量在6 吨以上的新型货运飞船——自动转移飞行器（图2-10）和HTV 转移飞行器。

俄罗斯的进步号货运飞船还在2001 年和平号空间站坠落的过程中发挥过重要作用，与和平号对接的进步号货运飞船通过多次点火，使和平号空间站的飞行轨迹不断改变，最终成功地把和平号空间站推离原运行轨道，坠入大气层，落到被称为“航天器坟场”的南太平洋某一区域。进步号飞船还曾2 次用于试验人造月亮。

图2–10 自动转移飞行器与空间站对接示意图

正是由于飞船有如此广泛的用途，所以苏联／俄罗斯、美国和中国都打造了各自的载人飞船。

(3) 苏联／俄罗斯的载人飞船

在飞船方面，苏联曾和美国展开过激烈竞争，以谋求载人航天的霸主地位，结果二者平分秋色，苏联在近地轨道飞船方面技高一筹，美国则在登月飞船方面一枝独秀。目前，俄罗斯仍很重视飞船的发展及应用，至今已经发展了 3 代载人飞船。

苏联第 1 代载人飞船东方号（图 2–11）是人类登天的开路先锋，世界第 1 位男、女航天员都是乘坐它遨游太空，并进行了天文学、医学、生物学研究及技术试验。它采用 2 舱式构型，只能乘载 1 人，最长飞行时间为 5 天。不过，那时航天员返回地面方式与现在不同，返回舱单独再入大气层后下降到离地面 7 千米高度时，航天员是靠弹射座椅离开座舱，乘降落伞单独着陆的，这种着陆方式比较危险。

苏联第 2 代载人飞船上升号是在东方号基础上改进而成的，即把笨重的弹射座椅改为 3 把普通的座椅，以便乘坐 3 人；在上升 2 号返回舱外增设气闸舱（图 2–12），供航天员出舱使用；

知识链接

载人航天需要多个系统的支持

进行载人航天，仅有载人航天器是远远不够的。执行载人航天任务，离不开运载火箭、航天员选拔与训练、载人航天发射场、航天测控网和返回着陆场等系统的支持与保障。载人航天的目的是空间应用，所以也需要空间应用系统的配合。

图 2-11　东方 1 号飞船返回舱

还增加了着陆缓冲用的制动火箭，不再采用弹射座椅方式着陆。1964 年 10 月，上升 1 号飞船首次搭载包括科学家在内的 3 名不穿航天服的航天员绕地飞行，进行了天体物理学、航天医学、生物学研究和技术试验。1965 年 3 月发射的上升 2 号飞船使列昂诺夫成为世界太空行走第 1 人。这不仅在美、苏太空竞赛中为苏联一方增加了筹码，也为日后通过太空行走修理卫星、组装空间站等活动迈出了十分重要的一步。

苏联第 3 代载人飞船联盟号于 1967 年开始使用，采用 3 舱式构型，即在返回舱前增加了 1 个生活舱和交会对接装置，因此不仅使航天员的工作和生活空间扩大了，而且还能与空间站对接，以便为空间站接送航天员和物资。

与前 2 代载人飞船相比，联盟号飞船内部可居住容积增大了 1 倍，由于采用了半弹道式再入方式，再入过程中的最大过载也由 8～9g 降低到 3～4g，减轻了航天员的负荷。该飞船曾作

图 2-12　上升 2 号飞船

过在轨编队飞行、材料焊接试验等。1979年、1986年，苏联又分别推出联盟号的后继型联盟T、联盟TM，飞船性能得到了进一步提高。

为了满足国际空间站的需求，从2002年10月起，俄罗斯开始发射新的改进型飞船——联盟TMA（图2–13），可以运送个子更高、体重更大的航天员。此外，联盟TMA与国际空间站能对接飞行1年，而联盟TM只能对接飞行半年。

俄罗斯现准备对联盟TMA飞船进行升级——换上俄罗斯生产的全新数字操作系统，以取代当前的模拟控制系统。升级后的新飞船称为联盟TMA－Ц（注：字母Ц为俄文“数字化”一词的第一个字母）。升级后，飞船的内部空间将变得更加宽敞，飞船自重和造价大幅降低，飞船各系统的可靠性和工作精确度也将得到提高。新飞船上将安装一个高速中央处理器，使飞船的飞行控制、能源供应以及舱内设备运行都能得到保证。该中央处理器将设计成可拆卸部件，能反复回收、多次使用，因此可以大幅节约成本。联盟系列飞船计划将一直服役到2015年。

2009年4月6日，俄罗斯航天局与俄罗斯能源火箭航天集团签署了研制新一代载人飞船的设计合同，即由后者负责开发俄罗斯新一代载人飞船罗斯号（暂定名，俄罗斯简称“未来载人运输系统”（PPTS））。罗斯号定于2010年6月前完成设计，能

知识链接

货运飞船的改进改型

苏联／俄罗斯进步号货运飞船也进行过多次改进改型。1978年开始使用的进步号货运飞船每次飞行可为空间站送去2吨多的物资。1989年8月起采用的进步M货运飞船载货量比进步号多100千克。从第5艘进步M飞船开始，还可以带回1个再入小舱，以便运回在和平号空间站上生产的材料、样品及其他科学资料。2001年投入使用的新型货运飞船进步M1，其燃料贮存量相当于进步M的2倍，使载货量进一步提高。它装有新型计算机，使飞船与空间站之间的无线电通信距离扩大到30千米。进步M1同空间站对接后的联合飞行时间可达180天。

图2–13 联盟TMA飞船

在15年的寿命期内重复使用多达10次，且可靠性不低于99.5%，以降低天地往返运输的成本；最多可载6 人，并可向空间站运送至少500 千克的货物，这比现有最先进的联盟TMA 的载货量大1 倍；具有多种用途，不仅能够用于往来空间站的飞行，把6名航天员和500 千克的货物送至近地轨道的空间站，还可以把4名航天员和100 千克的货物送至近月轨道，进行载人登月，其中近地轨道飞船质量约12 吨，绕月飞船质量约16.5 吨。

（4）美国的载人飞船

无独有偶，美国载人飞船也发展了3 代，现正发展第4 代。

美国第1 代载人飞船水星号是唯一的1 舱式飞船（图2–14），于1961 年4 月至1963 年6 月使用，只能乘坐1 人。美国第1 次载人轨道飞行是在1962 年2 月20 日，航天员格林乘坐水星6 号飞船绕地球飞行了3 圈。

1965 年投入使用的双子星座号飞船是美国第2 代载人飞船，采用2 舱式构型，可载2 人。其主要用途是为载人登月做准备，先后完成了轨道机动、交会对接、航天员出舱等试验任务。

图2–14 打捞溅落在海上的水星号飞船

美国第3 代载人飞船就是大名鼎鼎的阿波罗号飞船。它由指令舱（相当于返回舱）、服务舱和登月舱组成，可乘坐3 人，是目前唯一使用过的登月式飞船，一共发射7 艘，成功登月的有6 艘，把12 名航天员送上了月面。其中1969 年7 月21 日格林尼治时间02：56，美国航天员阿姆斯特朗与奥尔德林乘坐阿波罗11 号飞船登上月球，前者成为第一个踏上月球的人。不过，阿波罗计划完成之后，美国便停止使用飞船，全力研制航天飞机了。

进入21 世纪之后，美国对飞船重新产生了兴趣，认为它比航天飞机更安全，成本也低很多。美国现正在研制新一代载人飞船——猎户座飞船（图2–15）。在小布什执政期间，猎户座拟设计成具有多种用途的航天器，它

图 2–15 美国于 2009 年 3 月 30 日展出猎户座飞船模型

可以作为国际空间站的天地往返运输系统，也能进行载人登月甚至载人登火星。奥巴马当选美国总统以后，于 2010 年取消了重返月球计划，猎户座将主要用作国际空间站的救生艇。波音公司也在研制乘员航天运输 –100 飞船，但它将既为国际空间站提供运输服务，也为私营公司的充气式太空旅馆提供运输服务。另外，美国还鼓励私人公司以高效率、低成本的方式研制商用飞船，使美国航天员可以用“打车”方式租用商用飞船。

猎户座采用类似阿波罗飞船的舱段构型，由服务舱、乘员舱、发射异常中断系统（相当于逃逸塔）以及飞船适配器组成，重约 25 吨，直径约 5 米。其乘员舱和阿波罗飞船的指令舱非常相似，为圆锥形，只是比后者“更大”、“更壮”，舱内空间比阿波罗指令舱大 1 倍，一次可搭载至少 4 名航天员往返于国际空间站。另外，猎户座乘员舱可重复使用 10 次，而阿波罗飞船是一次性使用的；猎户座采用太阳能电池阵供电，所以功率大，工作时间长，而阿波罗飞船由燃料电池短期供电。猎户座拟于 2015 年以后发射。

2010 年 7 月 19 日，波音公司研制的乘员航天运输 –100 部分可重复使用飞船亮相英国范堡罗航展。该飞船外形类似于锥形的阿波罗或猎户座飞船，但体积比猎户座稍小、比阿波罗稍大，能够乘坐 7 人，但空间狭小，不如猎户座那么宽敞。乘员航天运输—100 飞船中的“100”代表着它可在距地球 100 千米的低地球轨道飞行。它可在国际空间站停驻 7 个月，然后通过减速伞和安全气垫的缓冲在陆地着陆。通过重新更换防热罩，每艘飞船能重复使用 10 次左右。首艘乘员航天运输 –100 载人飞船有望在 2014 年从佛罗里达州发射，它将在一定程度上减少美国及其盟国对俄罗斯航天运输系统的依赖，同时，也可为研制更先进的载人航天器奠定技术基础。不过，美国航空航天局不是乘员航天运输－100飞船唯一的用户，该飞船还将为比格罗航天公司正在开发的私营充气式太空旅馆提供天地往返运输，成为有史以来最安全、最可靠和效费比最高的飞船。

在2011年美国航天飞机退役后，美国还将用私人公司的飞船为国际空间站提供商业轨道运输服务，即采用“打车”的模式进入太空。如果全面推广这种模式并获得成功，商业太空时代就将到来。因为私营航天公司管理机制灵活、高效，所以私营商业飞船研制周期短，成本也比政府研制的飞船低。目前拟使用美国太空探索技术公司的“龙”飞船。“龙”飞船主要由前锥体、加压舱和服务舱3部分组成，最多可将7名乘员送至近地轨道，可以重复使用多次。

（5）中国的载人飞船

载人航天是当今高技术中最具挑战性的领域。

随着中国国民经济和科学技术的不断发展，1992年，党中央批准实施载人航天工程。到2008年底，中国已先后成功发射神舟系列的4艘无人试验飞船和3艘载人飞船。

神舟号飞船采用当代最为成熟的3舱式构型，即由轨道舱、返回舱、推进舱3个舱和1个附加段或对接装置组成，总长近9米，总质量约8吨。

图2–16 神舟7号飞船在轨飞行示意图

神舟号飞船由结构与机构、环境控制与生命保障、热控制、制导导航与控制、推进、测控与通信、数据管理、电源、返回着陆、逃逸救生、仪表与照明、有效载荷、乘员等13个分系统组成。这些分系统是飞船上为完成某一特定功能的仪器、设备或部件的组合。它们涉及物理、化学、生物、天文、医学和环境等数十个学科领域。由此也能看出载人飞船研制工作的艰巨性和复杂性。

需要注意的是，2008年9月25日发射的神舟7号飞船（图2-16）虽仍由轨道舱、返回舱和推进舱组成，但为适应中国航天员首次出舱活动任务，对其中的轨道舱进行了全新设计，使轨道舱同时具备出舱活动的气闸舱和航天员的生活舱之功能，具有“一舱两用”、投入少且效益高的特点。

从将于2011年发射的神舟8号开始，神舟号飞船将基本定型，进入批量生产阶段。神舟8号飞船有两个重要使命，一是突破空间交会对接技术，二是实现载人运输飞船定型。定型后飞船不再做大的改动，其外形结构与目前基本一致，内部设置更加舒适和人性化，并具备三个特点：一是可靠性、安全性更高；二是能够运输3人、飞行7天，具备与空间站交会对接的能力；三是能够批量生产，短时间高密度发射。它将成为中国空间实验室和空间站至地球的天地往返运输工具，也能为其他

知识链接

神舟7号飞船的改进与创新

与神舟5号、神舟6号相比，神舟7号飞船在外观上有多项改进和创新。首先是由于飞船轨道舱取消了留轨功能，所以去掉了轨道舱外面的一对太阳电池翼和16台发动机，以减小发射质量；其次是为了配合航天员出舱活动，兼做气闸舱的轨道舱的外舱门比以往变宽了，由750毫米加大到850毫米；第三是在轨道舱前端安装了5个复压气瓶，气瓶旁边还安置了由神舟7号释放的伴飞小卫星，并为伴飞小卫星提供了释放平台和释放动力；第四是飞船轨道舱外侧放置了暴露在外太空的试验材料，它由航天员出舱活动时取回；第五是为方便航天员舱外行走，在飞船轨道舱外安装了照明设备和活动扶手；第六是飞船轨道舱、推进舱的舱体上分别安装了1台舱外摄像机，用以拍摄和传输航天员舱外活动的图像；第七是在推进舱外安装了中国天链1号中继卫星系统的首个用户数据终端，并成功地与天链1号进行了首次天地数据中继系统数据传输试验。

图2-17 神舟号飞船与空间实验室交会对接示意图

国家提供人员和货物的天地运输服务。图2-17为神舟号飞船与空间实验室交会对接示意图。

简而言之，无论过去、现在还是将来，载人飞船都大有作为，因而俄罗斯、美国、中国和欧洲空间局等都对它格外青睐，竞相发展这一通天利器。

3. 登天巴士喜忧录
—— 航天飞机的现状

由于飞船运载能力较小且功能单一，不能重复使用，满足不了大型空间站的需求，而且返回时落点散布很大，航天员承受的过载也很大，所以在一段时间内很多人曾认为它不实用、不经济、不安全。为此，美国、苏联、欧洲、日本、英国和德国等都曾对航天飞机的方案做过探索性研究工作，但最终只有美国研制出了实用型航天飞机，并于1981年4月12日，即在世界第1名航天员加加林上天20周年之日，发射了世界上第1架航天飞机哥伦比亚号（图2-18）。苏联的暴风雪号航天飞机只进行了一次无人驾驶飞行，由于苏联解体等原因，以后就销声匿迹了。

（1）美国的航天飞机

至今，美国先后有5架航天飞机进入过太空。美国航天飞机由轨道器、外贮箱和两个固体助推火箭组成，其中轨道器设计可重复使用100次，轨道器上的主发动机设计可重复使用50次，固体助推火箭设计可重复使用20次，外贮箱则是一次性的。

轨道器是整个系统中唯一可以载人、真正在地球轨道上飞行的部件，是航天飞机的主体。轨道器与一架大型喷气式客机的大小差不多，有机身、三角形机翼和垂直尾翼等，但它所经历的飞行过程及飞行环境比普通飞机要严酷得多。

轨道器的机身前段是乘员密封舱，乘员组一般为7人。其上层是驾驶舱，中层是生活舱，下层是仪器设备舱。机身中段是有效载荷货舱，直径4.6米，长18.3米，可装20～30吨货物，曾把欧洲的空间实验室装进舱内带入太空。舱内装有遥控机械臂，可用于装卸卫星等货物，最远可伸到15米远的地方。机尾有3个以液氧、液氢为推进剂的主发动机，总共能产生6 272千牛推力；还有2台变轨发动机，每台可产生26.46千牛的推力。

图2–18 世界第1架航天飞机哥伦比亚号准备发射

图2-19 美国航天飞机返回地面

三角形机翼和垂直尾翼可使航天飞机返回地球时具有良好的稳定性和操纵性，像普通飞机一样飞行自如。

轨道器用普通铝合金制成，贴有数万块防热瓦，能以350千米／小时的速度在4000米的跑道上着陆（图2-19）。

外贮箱的作用是为轨道器上的主发动机贮存入轨前所用的全部推进剂。它可装约700吨的推进剂，位于轨道器的下方，是唯一不可回收的部件。

两个固体火箭助推器平行装在外贮箱的两侧，每个助推器的推力约为1300千牛，可以用降落伞回收并重复使用。

航天飞机是人类把航天与航空技术有机结合起来的创举。航天飞机在由起飞到入轨的上升阶段运用了火箭垂直起飞技术；在太空轨道飞行阶段运用了航天器技术；在再入大气层的滑翔飞行阶段运用了航天航空组合技术；在进场和水平着陆阶段运用了飞机技术。因此，它能完成多种任务，兼有运载火箭、人造地球卫星、货运飞船、载人飞船甚至小型空间站等多种功能，并且具有一般航天器所没有的功能，如释放、维修和回收卫星等。

（2）苏联的航天飞机

天地往返运输能力不足是苏联和平号空间站存在的一个致命弱点，光用一次性使用的飞船难以承担百吨级空间站的货物运输任务。为此，苏联考虑在和平号扩建之后用航天飞机作为其运输系统，因为航天飞机的往返运输能力可达30吨／次。

1988年11月15日，苏联第1架航天飞机暴风雪号（图2-20）由能源号运载火箭发射成功，经过3小时绕地飞行2圈后，安全返航。暴风雪号的外形酷似美国的航天飞机，而且它们在尺寸、内部分系统及其布局、防热系统等方面也都很相似（图2－21）。

美、苏航天飞机最大的区别是暴风雪号航天飞机轨道器上没有装备主发动机。

（3）成就与不足

世界上唯一投入实用的美国航天飞机原先预想有五大优越性，为此，美国甚至把火箭生产线都停下了，认为航天飞机不仅可以载人，还能替代火箭来发射卫星。原先预想的航天飞机五大优越性如下。

图2－20　苏联暴风雪号航天飞机

一是发射便宜。通过轨道器、固体助推火箭等的重复使用，使航天飞机每次的发射费用降至约3 000 万美元。航天飞机的大容积货舱可大大放宽对有效载荷尺寸和质量的限制，改变过去要求有效载荷必须体积小、质量轻的原则，从而大幅度降低有效载荷（如卫星）的研制费用。此举还可把有效载荷的重要分系统做成备份或携带更多的分系统，以便延长卫星等航天器的寿命或增加卫星功能。

航天飞机的经济性还表现在它能在轨回收、检修卫星和更换卫星失效的组件。这不仅能节省费用，还可以缩短卫星的研制周期和提高使用效果。截至2009 年5 月，美国哈勃空间望远镜已用航天飞机进行过5 次在轨修理，极大改善了这一价值连城的“太空巨眼”的功能，延长了其使用寿命。

图2－21　美苏航天飞机对比

二是功能强大。它每次能运送7 人和20～30 吨货物到近地轨道或空间站。苏联／俄罗斯使用的联盟号火箭—联盟TM 飞船仅可以将3 人和100 千克货物送到空间站，即使是进步号货运飞船，也只能将约2.5 吨的货物送到空间站。

航天飞机的使用大大扩展了人类空间活动的规模和范围。航天飞机货舱容积巨大，并设有起

图2-22 航天飞机为国际空间站运送舱段

重能力很强的机械臂，在轨道上可部署几乎任何类型的有效载荷，能把过去因形状和体积因素而无法用火箭运载的一些设备送入近地轨道。例如，美国有些大型军用卫星因为体积大、质量大，用运载火箭发射力不从心，只能靠航天飞机送上太空。美、俄等国正在建造的国际空间站的许多部件，都是用航天飞机送上太空（图2-22），然后由航天员在轨组装的。用航天飞机释放卫星时，可根据所要释放卫星的要求，改变航天飞机轨道，从而把每颗卫星放入各自的轨道。

三是更加安全。因为有很大机翼的航天飞机在再入大气层时可获得足够的升力，控制升力的大小和方向就能调节纵向距离和横向距离，使航天飞机准确地降落在跑道上，并重复使用。这能使空间活动的安全可靠性基本接近航空标准，让空间事业从探险阶段进入实用阶段。而载人飞船没有机翼，因此无升力或升力很小，只能以弹道式或半弹道式返回，其结果是气动力过载和落地误差都较大，返回时只能采用在海面溅落或在荒原上垂直着陆的方式。这种着陆方式不仅对航天员的要求很高，需要进行长期训练，而且对航天员的生命安全也有一定威胁。

四是比较舒适。因为在从起飞到返回地面的整个过程中，航天飞机加速和制动都很缓慢，所以过载比飞船小得多，大大降低了对航天员的身体要求，可把稍加训练的科学家、工程师、医生和教师等送上太空。

五是间隔很短。原以为航天飞机可以像民航客机一样，每次返回后进行简单维修就可再次发射，并乐观地估计每1～2周就能进行一次发射。

因此，美国把航天飞机看作是继阿波罗登月计划之后空间时代的第2个里程碑，其最大的功绩是目前在轨运行的有效载荷中，超过60%是由航天飞机送入太空的。实践证明，航天飞机有两大优越性，即功能强大、比较舒适，其他三项正好相反：

它十分昂贵，每次发射费用高达4～5亿美元，主要是返回地面以后要进行大量的维修工作；因此其飞行间隔也很长，每年仅能进行5～6次的飞行；更遗憾的是它并不安全，最大的安全隐患就是航天飞机没有中、高空救生设施。截至2011年2月，美国5架航天飞机共飞行了133架次，但已损失了2架，牺牲了14名航天员(图2–23)。

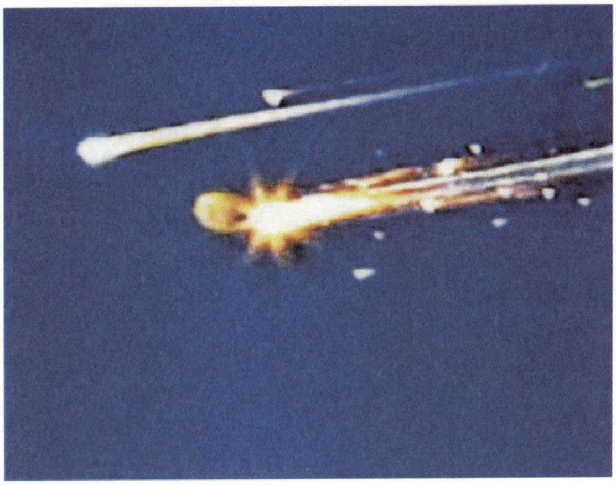

图2–23 哥伦比亚号再入大气层后在空中解体

所以，航天飞机目前只能称得上是当代世界上用途很广，但成本很高、风险很大的大型运载工具，其光彩已日渐暗淡，将在2011年下半年退出太空舞台。

4．宇宙城堡纵横谈
—— 空间站的现状

虽然载人飞船为人类登天作出了巨大贡献，但由于它的主要功能是向空间站运送航天员，因而在太空飞行时间较短，一般为几天至十几天；另外，它的内部空间狭窄，无法放开手脚开展长期、大型的科学试验活动。为了大规模开发太空资源，必须在太空建立能长期运行的大型生活和工作平台。于是，在20世纪70年代，一种可供多名航天员巡访、长期居住和工作的大型航天器应运而生了，它就是空间站。

图2–24 礼炮1号空间站飞行示意图

空间站是当代最适合进行长期载人航天活动的“天堂”，具有可补给消耗品、检修和更换设备的能力，以及变更和扩大其功能的性质。它的“先入轨、后上人”的特

征，既提高了安全性，又简化了研制过程，所以前景十分广阔。

由于规模大，发射空间站时要携带较多的气体和推进剂，必要时还可在轨补给；它在轨道上长期飞行，站内仪器和设备可根据任务需要由航天员及时更换，仪器出现故障时航天员也能就地维修；因此空间站工作寿命很长，通常为5～15年甚至更长。站内航天员一般每隔90天至半年轮换一次，由飞船或航天飞机接送，大型实验或空间装配任务可由几批航天员陆续完成。

（1）4代空间站

1971年4月19日，苏联成功发射了世界上第1座空间站礼炮1号（图2–24）。此举对美国是一个极大的刺激，于是美国马上用阿波罗工程的剩余硬件研制了一个名叫天空实验室的空间站（图2–25），并于1973年5月14日升空，还创下了当时连续载人飞行84天的世界纪录。这时美国又觉得空间站不是什么"新玩意儿"，为了在与苏联的太空竞赛中取得优势，于是倾财力、物力和人力去研发航天飞机了。然而，苏联对空间站一直格外青睐，采取了积极、稳妥和循序渐进的发展战略，先后一共发射了8座空间站，在空间站领域取得了领先地位。目前，美、俄等16个国家联合建造的国际空间站即将建成。

从总体结构上讲，上述空间站可分为以下2种共4代。

图2–25 飞行中的天空实验室

第1种空间站是单模块式空间站。这种空间站用运载火箭1次就能送上太空。其优点是所用硬件少、成本低、技术简单，不需要航天员出舱等，因而早期的空间站都采用这类构型。它的缺点是容积小，不具备扩展性，工效低，影响了许多科学实验活动的进行，并且很难长期载人飞行。这种空间站先后发展了2代。

第1代空间站是苏联的礼炮1号～5号和美国的天空实验室，以及随美国航天飞机进行了22次短期飞行的欧洲空间局的空间实验室。由于它们具有试验性质，所以也叫试验性空间站或空间实验室。其主要特征是站上均只有1个对接口，因而只能接纳1艘客货两用飞船（运送往返人员和少量物品），其科研仪器和主要物品均在发射前就装入了空间站，无法及时补给很多的重要物资，这就限制了载人航天的时间和空间站在轨运行的寿命。不过，这一代空间站解决了许多重大的科技问题。例如，证实了在太空也和地面一样，有必要把卧室、工作间等按各自的特点分别建造，以免相互束缚和影响；可用轮换航天员的办法，使空间站利用率大为提高；即使是短期飞行的空间站，也比其他航天器有较大的进步。

第2代空间站是苏联的礼炮6号（图2–26）、7号，它们分别于1977年、1982年入轨。由于它们具有实用性质，所以也叫实用性空间站。其主要特点是均有2个对接口，即可同时接纳两艘飞船，从而能把载人与运货分开，延长了空间站寿命和航天员在轨时间。在第1代空间站中，寿命最长的礼炮4号工作了2年多，而第2代空间站中的礼炮6号、7号分别运行了5年和9年。

图2–26 礼炮6号空间站剖视图

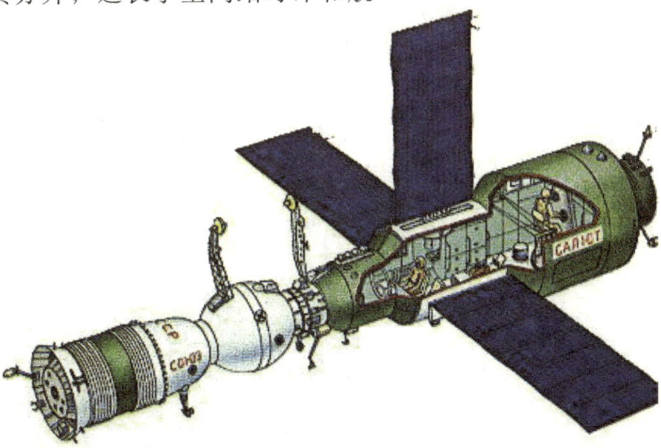

第2种空间站是多模块式空间站。这种空间站是由陆续发射的多个舱段在轨道上组装而成的。其优点是航天员的生活和工作空间大，灵活性强，运

行时间长；缺点是技术复杂，投资和风险大。多舱式空间站也先后发展了2代，它们也可以算是第3、4代空间站。

第3代空间站采用多舱段组合式构型，可运行15年左右，所以也叫长久性空间站。这种空间站由多个舱段在轨道上像搭积木一样对接在一起，即由一个有多个对接口的核心舱和对接在上面的多个舱段组成庞大的轨道复合体。其典型代表是苏联1986年开始在太空建造的和平号空间站（图2－27），它由一个有6个对接口的核心舱和量子1号舱、量子2号舱、晶体舱、光谱舱和自然舱，以及联盟TM载人飞船、进步M货运飞船对接而成，总质量达100多吨。和平号的晶体舱还对接过美国航天飞机，使总质量达200多吨。

第4代空间站是一体化组合空间站。一体化组合空间站的概念首先由美国的空间站计划提出，最终体现在国际空间站的设计方案中。国际空间站（图2－28）由美国、俄罗斯、欧空局、日本、加拿大等国家和组织合作建造。其建造过程是：先将曙

知识链接

和平号空间站

和平号是一个多舱段组合式空间站，它扩展灵活，像一个多居室住宅，有单独的卧室和实验室等，因而既舒适，工作效率又高。俄罗斯航天员在和平号上创造了438天连续飞行的世界纪录，并一直保持至今。多国航天员先后在和平号上进行了大量对地观测、天文观测、生物实验、材料加工等活动，取得了丰硕成果。其主要不足是各舱段都需装有姿控、电源系统，而且各舱段之间结构过于紧凑，因而相互间有一定影响，特别是太阳能电池板很难安排，易被遮挡。

图2－27 和平号空间站

图2–28 2009年3月底的国际空间站

光号多功能货舱送入轨道，再将团结号节点1 舱送入轨道，并实现两者对接和组装。然后，再将气闸舱、实验舱、居住舱、大桁架等构件发射入轨，并在轨道上实现装配。大桁架安装在舱段组合体上，其上再装配太阳能电池阵、移动服务系统和外露试验设施。全站有统一的服务设施（可沿大桁架移动的机械臂），统一的姿态控制系统，集中供电、供气、散热，使每个组成模块的功能单一化，提高了全站的效率。

国际空间站的轨道组装工作于1998 年开始，截至目前已基本建成。建成后的国际空间站质量达453 吨，总加压舱容积为1 200 立方米。在空间站运行期间，航天员的替换和物资的补给由载人飞船、货运飞船和航天飞机提供。

（2）用途很广泛

理论研究和长期的飞行实践表明，空间站是当代最适合长期载人航天的太空平台，有着极其广泛的用途，主要包括10 个领域：①科学实验；②材料加工与生产；③对地观测；④通信与导航；⑤发展空间技术；⑥空间组装、发射和回收各类航天器；

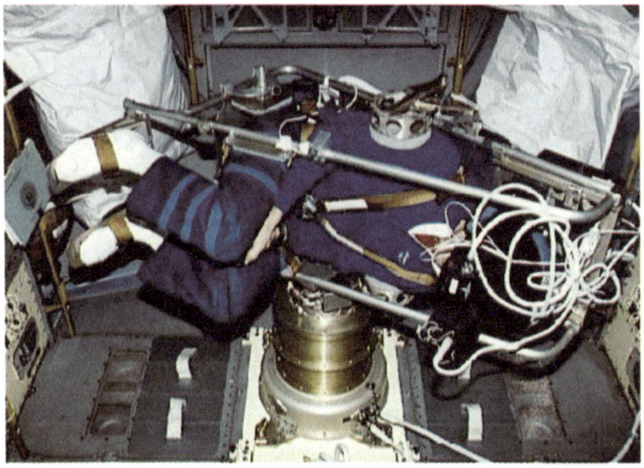

图2-29 在空间站实验室进行实验（上）

图2-30 国际空间站上的航天员正在进行工作（下）

⑦空间保养、维修、校正、支援与改进各类航天器；⑧登月基地、星际航行补给站和中间站；⑨空间交通控制中心；⑩军事应用。

人类现在已经完成了试验性、实用性、长久性空间站的发展阶段，国际空间站的建造标志着永久性空间站的发展阶段已经开始，它将使载人航天的前景更加广阔。

空间站的主要用途包括以下5个方面。

1）科学实验基地。由于空间站处于高远位置和微重力等特殊环境，并具有运行时间长、工作空间大等特点，因此是理想的实验场所（图2-29、图2-30），它在推动生命科学与生物技术、微重力科学与应用等许多方面正发挥着重要作用，并有望在一些前沿学科上取得突破性进展。

在太空微重力、强辐照环境中生命的延续与在地面环境中有很大的差别。在空间站上种植物、养动物，进行空间生物学研究，能揭开生命的奥秘，培养出新的作物品种，为农业科学开辟新途径。中国曾多次用返回式卫星进行太空育种，在太空飞行仅10多天的种子回到地面会出现明显变异，新的青椒、西瓜品种优，口味好，抗病力强，且产量高；若在空间站上长期育种，则效果会更好。

在空间站上能进行充分的航天医学研究。在空间站上主要是研究长期处于微重力状态下人体受到的影响，其中包括肌肉萎缩、心血管功能降低和骨质疏松等，从而能更好地了解人体系统和相关疾病。深刻了解这些影响并找出可能的应对办法，可以为未来人类探索太阳系的其他行星作准备（图2-31）。俄罗斯医学专家波利亚科夫在空间站上连续逗留438天，主要就是进行这方面的实验。

目前正在建造的国际空间站，可使科学家运用当代最先进的试验手段进行化学、生物学、物理学及其他学科的研究。

例如，在微重力条件下，蛋白质晶体可比在地球上生长得更纯净。通过对这些晶体的分析，科学家们能更好地了解蛋白质、酶和病毒的性质，有可能因此研制出新药和更好地了解生命的基本构造。类似的实验工作已经在航天飞机上进行了多年，尽管受到航天飞机飞行时间的严重制约，但其实验结果仍促使全球许多的制药公司与美国航空航天局合作，研究治疗癌症、糖尿病、肺气肿和免疫系统失调的药品或方法。

在实验室环境下活性细胞的体外生长称为组织培养，在空间不受重力干扰下进行组织培养可能会更容易。美国航空航天局已研制出一种在地球上使用的生物反应器装置，用于模拟减小重力对组织培养的影响，这些装置培养出了质量更高的组织，并使医生能够做到在不危害病人的条件下精确地试验治疗癌症的新方法。在国际空间站上进行长时间的生长培养，将会进一步促进这项研究。高质量的组织培养也已用于生长胰腺细胞，这种细胞有助于在不服用胰岛素的情况下治疗糖尿病。

2）最佳观察哨所。人在空间站上可通过目视观察或用多种

图2–31 航天员在空间站上进行锻炼

仪器综合观测地面。与对地观测卫星相比，空间站上的航天员可更有效地避开云雾拍照，并能拍摄许多事先没有料到、临时或偶遇的重要目标（图2-32）。

从空间站上不仅可以居高临下地俯视美丽的地球，而且能进行理想的天文观测。因为在那里可以摆脱地球大气的桎梏，改变坐地观天的局面，是全波段天文台，所以天文观测很早就被列为空间站的主要任务之一，并已取得了巨大的成就。在空间站上可精确地测定天体的运动和方位，扩展人类的视野，发现许多新的宇宙奥秘。

和平号空间站拍摄的各种恒星和行星的图片，为天文学和高能天体物理的研究作出了重要贡献。它还获得了长期、连续的超新星辐射光谱数据，为探索天体的演化过程提供了重要信息。

现在，科学家正计划利用国际空间站作为平台来研究地球上大范围长期的环境变化，从而获得一个地面上不能获得的全球景象。

3）空间工厂。利用太空微重力、高真空、高净洁等环境，可以进行高纯度药品的生产，提炼无缺陷晶体和制造无泡沫合金等。空间站所具有的长寿命、大空间和有人操作等一系列特点是

图2-32 国际空间站航天员拍摄的西西里岛埃特纳火山喷发的景象

图 2–33 国际空间站上的材料暴露试验

建立空间工厂的理想场所，可以为全球经济创造新的增长点。

材料加工与生产是空间站的一个重要应用。返回式卫星、载人飞船、航天飞机、空间站都可以用于空间材料加工试验研究，美国和俄罗斯在这方面已经取得了巨大的成就。空间站由于长期在空间运行，能提供较大容积的实验容器和较大的功率，特别适合进行空间材料加工研究，能使材料加工水平迅速提高，扩大材料加工的范围（图 2–33）。

在空间站的微重力环境中，液体中密度不同的成分不会发生沉淀和对流，采用电泳技术生产具有速度快、周期短、产量高、成本低的特点，有些产品产量比在地面高 700 多倍，产品纯度高 4 倍。空间制药速度是地球上的几百倍，生产成本也更低。

苏联航天员在礼炮 5 号空间站上曾进行了若干材料加工实验。例如，用“晶体”炉研究了失重条件下晶体的生长；用“球”实验设备研究了微重力条件下金属熔液的凝固和熔解；在地球上焊料不能均匀地喷到焊缝上，但在“反应”实验中，航天员用锰－镍焊料焊接出了高质量的不锈钢成品。

天空实验室的航天员利用电炉和电子束枪进行了空间焊接实验，后来证明焊接质量优于地面；进行了晶体生长实验，长

图 2-34 在国际空间站命运号实验舱中，航天员拍摄的以表面张力存在于金属丝框上的水（上面的颜色是为了显示水膜）

出的晶体长达 2 厘米，比预期的长 6 倍；制造了全新的金锗化合物，这是一种低温下的超导材料。这些工作为太空生产积累了经验。麻省理工学院的加斯特说，了解了固化过程并得到化学上非常均匀的晶体，无疑将迎来材料加工的新纪元。

礼炮 6 号空间站上的航天员进行了大量材料加工实验，尤其是对碲镉汞、锑化铟和砷化镓 3 种组合材料进行实验。礼炮 6 号上有 2 台材料加工炉："合金"炉和"晶体"炉；到 1980 年底，在这 2 台加工炉的 181 次点火中产生了 300 件样品。

和平号空间站就像一座工厂，航天员在站上研究太空加工工艺，生产一些特殊的新材料和生物制品。其晶体号实验舱就是专门用于微重力科学与应用实验的场所，航天员利用专门设备制取了纯度极高的半导体材料，生产了直径 5 厘米的砷化镓晶体，培养的蛋白晶体纯度比地面制取的高 10 倍。

图 2-34～图 2-36 为在太空拍摄的空间实验照片。

4）天基技术中心。空间站的一项重要功能就是试验各种航天技术，释放航天器，将来还要在轨组装大型航天器，成为太空维修中心，使在轨运行的其他航天器延年益寿。

礼炮 3 号空间站上的航天员率先测量了空间站本身。他们用装在站外的电视系统把空间站图像中继传输给航天员和地面站，评价了空间站的外部系统。接着，航天员检测了站上生命保障系统，包括站内的气体参数、水再生设备、热控制系统和无线电通信系统。

航天员在礼炮 4 号空间站上使用激光器验证了一项新的跟

知识链接

空间材料加工

材料是微电子技术、计算机技术、信息技术和航天技术发展的基础。空间加工能改善材料性能，并对高新技术领域及相关科学领域的发展起到推进作用。

空间材料加工不仅仅是在未来的轨道工厂生产特殊的材料，而且也是为了空间探索本身的需要。如果在轨道上缺乏技术加工手段，诸如熔接、钎焊和切割金属，未来广泛的空间探索是难以想象的。

图2-35　在太空生长的(右)和在地面生长的(左)沸石晶体

踪技术，激光脉冲是从地面发出的，然后由装在站上的 1 台光学棱镜反射器反射回去，试验获得了成功。此后，他们使用电传打字机试验了一种新的通信方法，主要用于家庭和朋友之间的私人通信、航天飞行的新闻报道和站上基本参数系统的报道。航天员也检测了各种模式下空间站的热控制系统和生命保障系统，还用 1 套氟利昂装置研究了轨道飞行对液体的影响，结果表明，它与空间站液路系统的设计有关。

礼炮 6 号空间站上的航天员进行了导航研究，以便进一步在空间站的各种动力学状态下掌握定向和稳定系统；进行了一种称之为“共振”的试验，对空间站复合体（包括礼炮 6 号和 2 艘对接飞船）的稳定性进行检查。

1982 年 5 月 17 日，苏联航天员从礼炮 7 号上成功释放了火

图2-36　在国际空间站命运号实验舱进行的实验中，在50 毫米直径金属丝围成的圆环上形成的糖结晶特写

花2号通信卫星，这是世界上首次在空间站上释放卫星。卫星进入了一条近地点241千米、远地点375千米、周期91.3分钟的椭圆轨道。卫星被释放3分钟后，地面指挥中心宣布，收到火花2号卫星发出的信号。此举比美国于同年11月从哥伦比亚号航天飞机上首次释放卫星早5个多月。

和平号空间站的量子2号舱上载有一个太空机动装置，航天员可以借助它进行太空行走、空间工艺操作或技术维修。1998年4月，航天员穆萨巴耶夫和布达林在太空行走6小时，对1997年6月被进步M34号货运飞船撞坏的太阳能电池板进行加固，并安装了使太阳能电池板朝向太阳的新定向装置。同年11月，航天员帕达尔卡和阿乌杰耶夫在舱外工作5小时54分钟，安装了6台科研装置和太阳能电池板，保证了和平号空间站上的科研工作。图2－37为航天员维修和平号空间站。

在和平号空间站上曾进行过2次人造月亮试验。1993年2月4日，和平号空间站上的航天员将一面名为旗帜号的太空反射镜挂在进步号飞船上，在距和平号空间站150米的地方展开，首次试验人造月亮获得成功。1999年2月4日，航天员将一面直径25米、重4千克的太空镜，在距和平号空间站800米处旋转展开，但由于巨大的反射箔片缠绕在天线上，试验失败。

和平号空间站上的航天员还曾多次试验过“针式”和“航向”交会系统等许多新设备，克服了包括火灾在内的许多困难。这些不仅保证了和平号空间站的正常工作，还获得了大量宝贵

图2–37 航天员维修和平号空间站

图2–38 美国航天飞机与俄罗斯和平号空间站对接

的经验，为今后大规模开发太空奠定了基础。

为了建造国际空间站，1995～1998年，美国航天飞机与俄罗斯和平号空间站进行了9次对接（图2–38）。在此期间，美国航天员在和平号空间站上进行了大量有关国际空间站的技术试验，为当时计划于1998年11月开始兴建的国际空间站积累经验，建立合作精神，美国也获得了在太空长期停留的经验。

今后，空间站还将成为为其他航天器服务的操作维修中心，包括修理卫星、更换仪器、加注推进剂和组装大型空间设施等，以延长航天器的工作寿命。目前，在地球静止轨道上存在着大量已废弃的通信卫星和气象卫星，如果把它们回收到空间站上进行维修，不但能获得经济效益，而且还可以充分挖掘地球静止轨道资源。

5）试验宇宙旅馆。未来空间站的一个重要用途就是作为宇宙旅馆，接待进入太空的观光者。这不是梦想，因为已有多名游客造访过国际空间站了。

图 2–39 对宇宙旅馆鹦鹉螺号的试验舱——起源号的内胆进行充气试验

目前太空旅行有 2 种方式：亚轨道飞行和轨道飞行，但真正意义上的太空旅行是轨道飞行，旅行者可以纵情体验美妙的失重感觉，欣赏美丽的地球。现在，实现轨道飞行的旅行工具是国际空间站。

未来，还有可能建造更舒适的宇宙旅馆。2006 年，世界第 1 个宇宙旅馆试验舱起源 1 号由俄罗斯第聂伯火箭顺利送入预定轨道。该试验舱大小约为商用宇宙旅馆的 1／3，由美国旅馆业大亨比奇洛投资建造，采用充气式舱体，在地面上长度约 4 米、直径 1 米，但在进入轨道充气膨胀后直径能增至近 2 米。2007 年，起源 2 号也成功入轨进行试验。实用性宇宙旅馆预计在 2020 年前建成。图 2–39 为对宇宙旅馆鹦鹉螺号的试验舱——起源号的内胆进行充气实验。

中国也将在 2020 年前后建造自己的空间站。从目前来讲，内部空间大、运行时间长的空间站是长期载人航天、开发太空资源的理想基地，是航天发展过程中合乎逻辑的一步。它不仅能进行各种科研、试验和生产活动，还可以作为服务中心，为其他航天器提供组装、维修等服务，也能作为载人行星际飞行的中转站。

知识链接

空间站的基地作用

空间站对其他航天技术也有较大促进作用。例如，卫星通信的关键是研制大尺寸的轻型天线，但发射和在轨展开大型天线是很困难的。空间站上有足够的时间进行人工操作和精密装配，并提供发展空间通信和微波通信的实际工作环境。发展激光雷达、微波遥感器等技术，需要一种通用的对地观测遥感技术实验室，空间站则是最适宜的实验室。利用空间站作基地，可在太空装配和试验巨型太阳能电站。在空间站上还能利用太空的特殊环境，试验空间推进技术、空间探索技术。

第三章

天籁之音前奏曲

—— 中国载人航天工程的前期准备

1956年，国务院在《一九五六年至一九六七年科学技术发展远景规划纲要（草案）》中，明确提出要发展喷气和火箭技术。1961年4月12日，尤里·加加林成功实现了环绕地球的飞行，由此激起了中国人发展载人航天的激情。

1964年7月19日，我国第一枚载有大白鼠的生物试验火箭发射升空，1965年6月1日和5日又进行了两次相同的试验，飞行高度达到60～70千米。这些生物飞行试验开创了我国宇宙生物试验的先河。

1. 追逐梦想的先锋
——中国生物飞行试验

第二次世界大战后，美、苏展开了全面的军备竞赛，在火箭导弹技术以及核武器方面，竞争尤为激烈。面对新的国际局势和高技术发展的迅猛势头，中国人民从过去百年的屈辱史中，更加深刻地体会到落后就要挨打的道理。1956年，国务院在《一九五六年至一九六七年科学技术发展远景规划纲要（草案）》中，明确提出要发展喷气和火箭技术。随着苏联和美国相继把卫星送上天，1958年5月17日，毛泽东主席在中共八大二次会议上提出了“我们也要搞人造卫星”的号召。

从此，我国迈开了发展航天事业的步伐。1961年4月12日，尤里·加加林成功实现了环绕地球的飞行，这也激起了中国发展载人航天的激情。

1958年，中国科学院组建了生物物理研究所，承担航天飞行环境对人和生物的影响及其防护方法的研究工作。在20世纪50年代，这还是一门新兴学科，人们在这方面的知识几乎是一片空白。在实现载人航天之前，必须把一些基本问题搞清楚。例如：人在火箭发射、上升以及返回着陆过程中可以承受多大的环境载荷；人能否适应失重状态，生命过程会有什么表现；如何防护宇宙射线的伤害；在航天飞行中需要什么样的基本条件才能保障人的正常生活和工作能力；长期航天飞行对身体健康有什么影响；在航天飞行中如何解决空气、水和食物的供给以及大小便问题；等等。要回答这些问题，除了开展地面模拟试验以外，最重要的是通过宇宙生物试验，直接取得第一手资料。

图3－1　从实验舱中取出大白鼠

1964年7月19日，我国第一枚载有大白鼠的生物试验火箭发射升空，1965年6

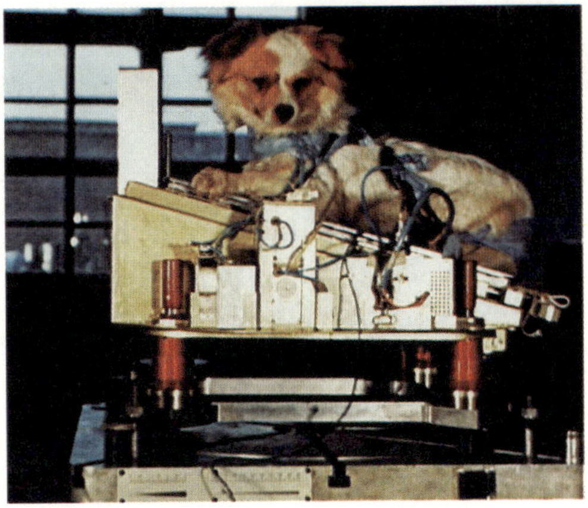

图 3–2 准备进行生物火箭飞行试验的小狗“珊珊”在进行环境振动试验

月 1 日和 5 日又进行了两次相同的试验，飞行高度达到 60～70 千米。研究人员在每枚火箭的头部装载了 4 只大白鼠和 4 只小白鼠，以及 12 支生物试管，试管中分别装有果蝇、须酶和其他生物样品。所有试验生物都安全回收，试验获得圆满成功（图 3–1）。这一系列试验的目的是测量大白鼠在飞行过程中的心电变化曲线；进行血液理化分析；研究太阳辐射对大白鼠的影响；连续拍摄大白鼠由超重状态到失重状态的姿态变化；通过解剖来观察飞行环境和高空环境对白鼠组织器官的影响；同时，对回收后的白鼠和果蝇进行繁殖试验，观察飞行环境和高空环境对遗传的影响。

在小型动物飞行试验后进行了大型动物飞行试验。1966 年 7 月 15 日，一只名叫“小豹”的狗成为我国 T–7A（S2）生物试验火箭的首个大型动物乘客；28 日，小狗“珊珊”（图 3–2）成为第二个生物试验火箭的大型动物乘客。在飞行试验中，记录了狗的心电、血压、呼吸和体温等生理参数，用条件反射试验装置观察了狗的高级神经活动。两只小狗回到地面后状态良好。

这些生物火箭试验开创了我国宇宙生物试验的先河，为航天医学的发展积累了宝贵的经验。

2.“曙光”初照演兵场
—— 中国曙光号载人飞船发展始末

曙光代表希望，它会引起人们对未来美好前景的遐想，也预示着新事物即将来临。早在 20 世纪 70 年代初，我国就曾经闪现过载人航天的第一缕曙光。

（1）卫星起步

要实现把载有航天员的飞船送入太空的目标，首先要解决把人造卫星送上天的问题。20 世纪 60 年代中期，经过三年自然灾害后，我国的经济形势有了全面好转，在火箭和导弹技术方面也取得了一定的经验和成果。1964年年底，在卫星技术基础研究和探空火箭应用实践的基础上，中国科学院提出研制卫星的设想。周恩来总理在1965年1月批示，由科学院提出具体方案。由此，我国首个人造卫星工程开始起步，代号“651工程”。

1965年7月1日，中国科学院提出了《关于发展我国人造卫星工作的规划方案建议》，该建议很快在8月上旬的中央专委会上获得原则批准。为落实这项任务，中国科学院受国防科委的委托，于1965年10月召开了我国第一颗人造卫星方案论证会议，初步确定了第一颗卫星的总体方案。1967年12月国防科委召开了第一颗人造卫星研制工作会议，审核了总体方案和各系统方案，正式命名我国第一颗人造卫星为东方红1号。

1966年1月，中国科学院成立了卫星设计院。1968年2月20日，组建了中国空间技术研究院，负责人造卫星的研制。该研究院现隶属于中国航天科技集团公司。

（2）规划出炉

我国载人航天技术从一开始就与卫星技术的发展联系在一起。就在我国研制第一颗人造卫星的同时，对载人航天的探索也提上了日程。

1965年，为拟定我国人造卫星规划方案建议书，成立了4个专业组，其中就有一个由中国科学院生物物理研究所负责的生物组。生物组在随后的卫星系列研讨会上提出了发展我国生物卫星以及载人飞船的设想。1966年5月11日，在卫星系列规划论证会上提出了“以科学试验卫星作为开始和打基础，特别是以返回式卫星为重点，在返回式卫星的基础上发展载人飞船”的规划设想。与此同时，中央专委委托中国科学院、中国军事医学科学院和中国医学科学院拟定“载人宇宙航行规划”中的医学生物学部分。规划设想的总目标是在1973～1975年发射我国第一艘载人宇宙飞船。这是我国第一次把载人航天列入到航天发展规划中。

这份规划还提出了为保证航天员在航天飞行中的安全和正

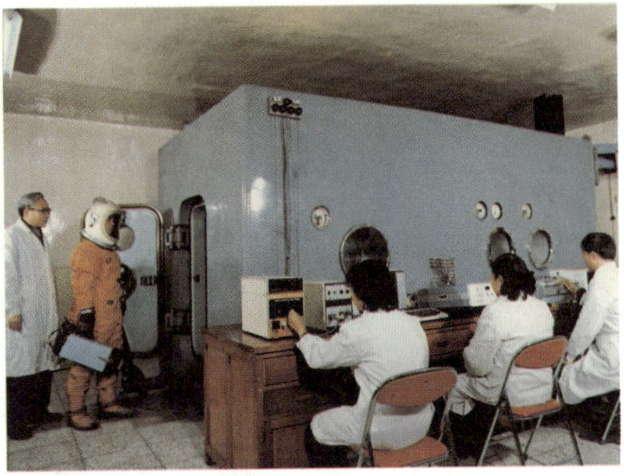

图3－3 早期航天员训练研究设备——低压变温舱

常活动必须解决的关键技术问题，主要包括生命保障措施、安全返回与救生、航天员的选拔训练、飞行全过程中的医学监督和保证、航天员与飞船之间的人－机关系、航天员的生理遥测和数据处理问题等。为了训练航天员，还须建立各种大型的环境模拟试验设施等（图3－3）。

1968年4月1日，由中国科学院生物物理研究所、中国军事医学科学院和中国医学科学院抽调的研究人员正式组建了中国航天医学工程研究所，承担有关航天员生命保障、医监医保以及航天员选拔训练的任务。

（3）曙光初现

在中央专委制定的发展我国载人宇宙飞船规划的基础上，第七机械工业部第八设计院早在1966年就开始了我国载人飞船的总体方案论证工作。1968年1月8日召开了“我国第一艘载人飞船总体方案设想论证会”，在这次会上，把我国第一艘载人飞船命名为“曙光1号”。

图3－4 长征1号运载火箭

1970年4月24日，我国的长征1号运载火箭（图3－4）把第一颗人造卫星东方红1号（图3－5）送上了太空。这个喜讯进一步激发了航天人要把千年飞天梦想变成现实的热情。就像任何其他事物一样，中国载人航天的发展道路也是曲折的。第一个巨大的障碍就是运载火箭的运载能力（也就是能把多重的物体送上绕地球运行的轨道）问题。运载火箭的运载能力是决定飞船规模的基础，当时长征1号运载火箭只能把300千克的有效载荷送入轨道，而长征2号运载火箭的研制工作才刚刚起步，它的运载能力是1800千克。除了用什么

图 3-5　东方红 1 号卫星

火箭把飞船送上天的问题之外，发展载人飞船工程还有航天员的选拔培训、飞船本身的研制、发射场和着陆场的配套设施，以及一个能与飞船和航天员保持联系的测控通信网等一系列问题需要解决。

1971 年 4 月，全国 80 多个单位的 400 多位专家和工程技术人员汇集北京，展开了全面的飞船方案论证工作。曙光 1 号飞船的形状像个倒扣的大漏斗。它由座舱和设备舱组成，座舱里放置两把航天员坐的弹射座椅、仪器仪表、无线电通信设备、控制设备、废物处理装置，还配备有饮用水、食品以及降落伞等。设备舱里装有制动发动机、变轨发动机、燃料箱、电源和通信设备等。在曙光 1 号飞船研制期间，研制单位进行了防热材料研究和大型试验，研制了飞船的运输车辆和航天食品（图 3－6）。与此同时，航天员的选拔也紧锣密鼓地开展了起来。从全国空军 1 000 多名飞行员中初选出的 88 名飞行员于 1971 年春来到北京进行复选，选拔过程既是对受试人员身体功能的检测，也是对意志品质的考验。参试人员经过了振动、冲击、离心、低压、高温等 12 项训练试验科目的严格测试，最后选出了我国首批 19 名预备航天员。

图 3-6　中国早期研制的航天食品

但由于政治、经济、技术等方面的原因，曙光 1 号飞船工程自 1971 年 10 月以后就几乎处于停滞状态。1975 年 3 月，国家正式宣布工程下马。

虽然我国第一个载人航天计划中止了，但是计划中已经开展的各项工作给未来的载人航天发展积累了经验。尤其是航天医学工程研究所的工作始终没有停止，继续进行着各项航天医学的试验研究，取得了大量宝贵的数据，为以后航天员的选拔训练创造了良好的条件。

3. 机缘来自“863”
—— 中国载人航天工程的前期启动

进入20世纪80年代，我国的航天技术有了长足进步，长征2号、长征3号运载火箭相继研制成功，返回式卫星和地球同步轨道通信卫星投入应用。此时，世界的冷战格局没有发生根本改变，美、苏之间的军备竞赛愈演愈烈，美国部分重复使用的航天飞机投入使用，苏联的礼炮号空间站一个接一个发射升空。世界各主要国家都争先恐后地发展航天技术，以争夺战略制高点，并把它看作是国家实力和国际地位的重要标志。立志屹立于世界民族之林的中国人民，面对如此严峻的挑战不甘落后，决心走一条自己的航天发展道路，这是一条自强不息、实现民族复兴之路。

(1)“863”计划

1986年3月3日，中国著名科学家王大珩、王淦昌、杨家墀、陈芳允联名向中央提出了《关于跟踪研究外国战略性技术发展的建议》。4位科学家在建议中中肯地指出：真正的高技术是花钱买不来的；高技术研究成果的取得是要花力气和时间的；做提高技术水平的事不仅可以集中现有的科研实力出成果，而且可以培养新一代高技术人才。3月5日，邓小平同志批示：“这个建议十分重要，请找专家和有关负责同志，提出意见，以凭决策。此事宜速决断，不可拖延。”这是一个具有深远意义的重大决策，从此，中国的高技术发展进入了一个崭新的阶段。

从1986年4月起的半年时间内，国务院组织了全国数百位专家，经过3轮严格的科学和技术论证，提出了《国家高技术研究发展纲要》，主要选取了生物技术、航天技术、信息技术、先进防御技术、自动化技术、能源技术和新材料等7个领域中的15个主题项目；目标是在其后的15年里，在选取的7个高技术领域，跟踪国际水平，缩小同国外的差距，并力争在我国有优势的领域有所突破。这就是“863”计划（图3–7）。

中央为发展高技术决定拨款100亿元，这在当时可是一笔巨大的投入，而航天技术领域则占其中的40%之多，可见航天技术在我国高技术发展计划纲要中的重要地位。中国的载人航天终于迎来了发展机遇。

（2）途径选择

航天技术是“863”计划7大领域中的第2领域（简称863–2），其中包含两个主题项目：大型运载火箭及天地往返运输系统、载人空间站系统及其应用。1987年在国防科工委的组织下，成立了“863计划航天技术专家委员会”和两个下属主题项目专家组（分别简称863–204和863–205专家组），负责提出我国载人航天技术的发展途径和总体方案。

1987年4月，863–204专家组提出以招标方式选择在技术方面有优势的单位进行载人航天技术的概念研究和方案论证工作，提出的主要方案有：载人飞船方案、小型航天飞机方案、航天飞机方案、两级火箭飞机方案、空天飞机方案等。

图3–7 “863”计划

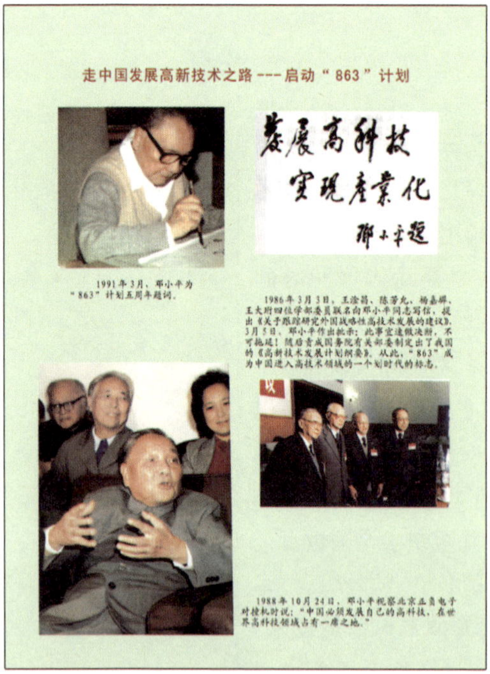

（3）飞船起步

在中国载人航天发展的第一步怎么走，起点多高，与后续发展如何衔接这个问题上，中国的航天专家们苦苦钻研、思考了很久。发展途径的选择不仅是个技术问题，而且涉及到国家财力、综合国力、人才培养和国际影响力，等等。肩负我国载人航天发展途径选择重任的863专家委员会和专家组针对各个单位提出的方案，首先邀请国内老一辈航天和航空领域的专家听取汇报并提出建议。

1989 年 7 月，863-204 专家组完成了《大型运载火箭及天地往返运输系统可行性及概念研究综合报告》，报告提出充分利用我国返回式卫星回收技术，以较少的经费和较短的周期（在 2000 年左右）研制出初期的天地往返运输系统——飞船，使得我国尽快突破载人航天技术，解决有无问题，满足初期空间应用的需要。

1990 年 5 月，863-2 专家委员会最终确定并上报了“投资较小、风险也小、把握较大”的飞船方案，即利用我国现有的长征 2E 运载火箭发射一次性使用的载人飞船，作为突破我国载人航天的第一步。

至此，我国载人航天以飞船起步的发展途径取得了专家们的一致同意。

4. 神舟飞天拉序幕
—— 中国载人航天工程的论证与决策

载人航天工程毕竟是一项庞大的系统工程，专家们要回答的问题是选择什么技术方案、在技术上能不能干得成、大概需要多少经费、花多长时间，而工程是否上马则要由国家综合考虑后来决定。

（1）启动信号

在 863 专家委员会开展中国载人航天发展途径和技术方案论证的同时，航空航天部提出了《关于发展我国载人航天技术的建议》，建议我国载人航天以飞船起步。

1991 年 4 月，航空航天部在北京北安河召开会议，研究载人飞船工程技术指标和技术要求，会议要求进行飞船方案论证工作。11 月，各单位分别提出的载人飞船方案有 3 类：

一类是返回舱在前，轨道舱居中、推进舱置后的三舱方案。

一类是轨道舱在前，返回舱居中、推进舱置后的三舱方案，见图 3-8。

图 3-8　飞船方案

一类是返回舱在前、推进舱在后的两舱方案。

两舱方案虽然构型简单，但安全性比较差，难以完成各项任务，所以未采用；返回舱在前方案虽然逃逸时只涉及返回舱一个舱段，比较简单，但由于返回舱底部无法安装舱门，导致航天员往来于返回舱与轨道舱之间十分困难，所以也未采用。轨道舱在前方案虽然逃逸时涉及两个舱段（轨道舱和返回舱），但有利于各项任务的实施，所以得到采用，并且飞行任务完成后，轨道舱还可留轨继续运行，进行科学实验。

“万事俱备，只欠东风”，这一天终于到来了。1992 年 1 月 8 日，中央专委召开第五次会议。会议认为，从政治、经济、科技等诸多方面考虑，立即发展我国载人航天是必要的，我国发展载人航天要从飞船起步。

会议决定，在“863 计划航天技术专家委员会”和航空航天部过去论证的基础上，由国防科工委组织各方面专家，进一步对载人飞船工程研制问题进行技术、经济可行性论证。

中国载人航天的序幕就此拉开了！记住这历史时刻吧，1992 年 1 月，这就是载人航天工程代号“921 工程”的来历。

1992 年 8 月 1 日，中央专委第七次会议专门研究开展我国载人飞船工程研制问题，一致同意我国发展载人航天分三步走。

（2）工程论证

1992 年 1 月由国防科工委组织的论证是工程立项前的可行性论证，不仅要从技术上，还要从经济的可行性上进行全面、系统的论证，参加单位也扩大到科学院、电子部、国家计委等部门，以及国防科工委直属发射场和研究所等单位；在组织形式上成立了论证领导小组、论证组、评审组和论证办公室，论证组下设工程总体、航天员、空间应用、载人飞船、运载火箭、发射场、测控通信和着陆场 8 个论证小组。全国各相关单位抽调约200名专家和科技人员分别参加8个小组的论证工作，在每个参加论证人员的背后都有参与单位的大量科技人员作后盾，提供着更详细的分析计算和论证材料。

集中论证工作持续了半年，于1992年6月底圆满完成，提出了《载人航天工程技术经济可行性论证报告》。这是中国航天人集体智慧的结晶，是一份结合中国国情、具有中国特色的报告，它确立了我国未来几十年内载人航天技术的发展方向，是一个值得国人为之骄傲的杰作。我国载人航天工程的中国特色主要体现在以下几个方面。

1）分三步走的发展蓝图。第一步，在2002年前，发射两艘无人飞船和一艘载人飞船，建成初步配套的试验性载人飞船工程，开展空间应用实验。

第二步，在第一艘载人飞船发射成功后，大约在2007年左右，突破载人飞船和空间飞行器的交会对接技术，并利用载人飞船技术改装、发射一个8吨级的空间实验室，解决有一定规模的、短期有人照料的空间应用问题。

第三步，建造20吨级的空间站，解决有较大规模的、长期有人照料的空间应用问题。

2）多用途轨道舱。我国的载人飞船由3个舱段组成，采用返回舱居中、轨道舱置前、推进舱置后的三舱串联模式（图3−9）。

我国载人飞船的最大特点是轨道舱被设计成一种多功能舱。在初期阶段进行无人和有人飞行时，作为空间实验舱，舱内放置各种科学仪器；在飞船返回地面前，轨道舱与返回舱分离，继续留在轨道上进行空间科学实验；在航天员出舱活动时，作为航天员进出飞船过渡用的气闸舱，而不影响返回舱内航天员的正常工作环境；轨道舱

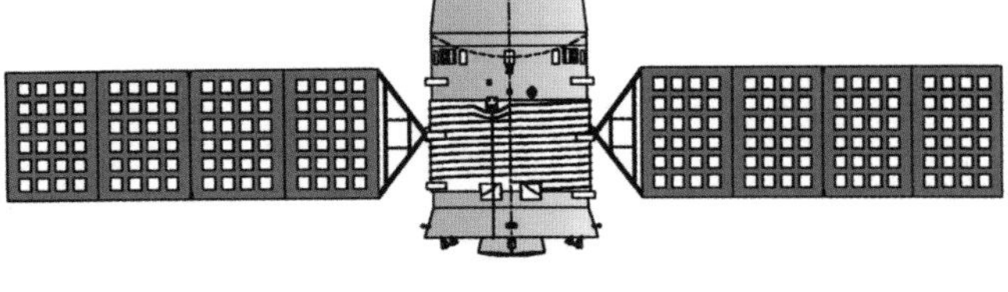

图3−9 神舟号飞船方案

的前面安装有对接机构，可与其他空间飞行器对接；在向空间实验室或空间站运送人员时，可以作为货舱携带一定的货物同时运往空间站。飞船采用三舱构型，为今后的发展预留了空间。

3）巧解海上救生难题。为了保证航天员的生命安全，确立了“上升段全程逃逸救生”的原则。在贯彻这一原则时遇到一个难题：由于从运载火箭起飞一直到飞船入轨约10分钟的飞行过程中，每个时刻出现故障，飞船返回舱的落点都不一样，其范围长达7 000多千米。在从酒泉到青岛约1 800千米的陆地航迹上，可以通过在几个地点布设直升机的办法进行搜救，但是还有5 000多千米的航迹在海上，显然在这么长的航迹上进行海上打捞、救援是个难题。为了克服这个困难，提出了利用飞船自身动力，把落点调整到几个相对较小区域的方案。经过反复论证，确认可以把飞船的海上落点集中在我国东海、琉球群岛以东和巴布亚新几内亚以北的3 个区域，这就使每次载人航天发射时在海上值班搜救的船只规模大为缩减。

4）巧布地面测控网。飞船离开发射台之后，保持地面与飞船之间的通信联系非常重要。我国虽然幅员辽阔，但是在经度方向只覆盖了地球的1/6。飞船以大约90分钟绕地球一圈的速度飞行，一天要绕地球转约16圈，可是经过我国上空的机会并不多，而且每次时间也不长，因此，要想与飞船保持一天24小时的联系是不可能的，但是也不能长时间与飞船失去联系。解决这个问题的方法之一是在海上布设测控船。考虑到测控船造价昂贵、运行维护费用高的情况，测控船的数量不能太多。为此论证组采用“确保两头、适当兼顾中间”的方针，也就是确保对从上升段到入轨的全过程进行测控，并保证制动返回段关键区域的测控覆盖。在这一原则下，确定在黄海、南太平洋、靠近西非的大西洋上布置3 艘测控船，在印度洋布置1 艘通信船，再加上国内现有的测控站，就可以基本满足对飞船的测控要求。这不失为是一个既节省经费又能满足要求的好方案。图3-10为载人航天地面测控网布局图。

5）先进的“三垂”模式。运载火箭和飞船在发射场进行垂直状态下总装、垂直状态下测试和垂直状态下整体运往发射区

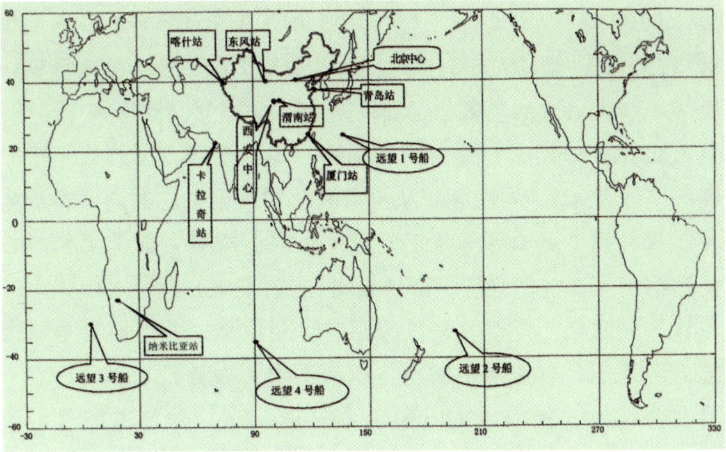

图 3–10 载人航天地面测控网布局图

的三垂模式，在国外已有应用。这种模式的优点是始终按垂直发射的状态进行火箭和飞船的总装、对接、测试和检查，并且以测试完好的状态直接将船箭组合体运往发射区，这不仅可以改善操作环境，提高了运载火箭和飞船的可靠性，更重要的是缩短了发射区占位时间，有利于实施应急发射。

另外，在发射场垂直总装测试厂房采取了双工位方案，也就是具有同时进行两枚运载火箭和飞船组合体总装和测试的能力，这是为可能发生的空间救生采取的措施，一旦需要，可以在 3 天内发射另一艘飞船，实施空间营救行动。

（3）一锤定音

1992 年 8 月 1 日，中央专委再次召开会议，听取了国防科工委组织的载人飞船研制可行性论证情况的汇报。会议同意论证组提出的中国载人航天分三步走的意见，并且认为，发展我国的载人航天事业对增强综合国力，促进科技进步，培养科技队伍，提高国家威望，增强民族自豪感和凝聚力等都有着十分重要的意义。

1992 年 8 月 25 日，中央专委向党中央、国务院、中央军委呈报了《关于开展我国载人飞船工程研制的请示》，在《请示》中建议我国载人航天工程计划分三步走，并且建议第一艘无人飞船要争取 1998 年、确保 1999 年首飞。

1992年9月21日，这是让中国航天人激动不已的日子，非常巧合，又一个“921”！这又大大加重了这三个字的内涵和分量，中共中央政治局第十三届常委会第195次会议在中南海勤政殿召开，审议了中央专委提交的《关于开展我国载人飞船工程研制的请示》，中央领导从国家利益和凝聚民心的高度、从培养新人和推动各个领域发展的深度，对开展载人航天工程的必要性给予了充分的肯定。会议指出：“要下决心搞载人航天，这对我国的政治、经济、科技等都有重要意义。载人航天是综合国力的标志，要坚持不懈地、锲而不舍地去搞。”

会议正式批准载人飞船工程立项上马，并要求像当年抓“两弹一星”那样抓载人航天工程。会议要求，成立专门机构，对载人航天工程实施专项管理。

向载人航天进军的号角吹响了，实现中国人千年飞天梦想的浩大工程由此正式展开。

第四章

敢问天路在何方

—— 中国载人航天工程的系统构成

1992年9月21日，中央批准中国发展载人航天“三步走”的规划后，中国载人航天工程的总体设计随即展开。

中国载人航天工程（第一步任务）由工程总体和航天员、空间应用、载人飞船、运载火箭、发射场、测控通信、着陆场7个系统组成。

1. 运筹帷幄铸辉煌
—— 中国载人航天工程的组织实施

(1) 中国载人航天工程的基本任务

要实施中国的载人航天工程，首先必须明确的问题就是：中国的载人航天工程研制建设目标是什么；需完成哪些任务；怎样才能既符合载人航天发展规律，又能体现中国特色，实现跨越式发展。1992 年中国载人航天工程论证组对此进行了深入研究和论证，结合国外载人航天的发展历程和趋势，分析了中国的基础条件和技术储备。在此基础上，中国载人航天工程论证组提出了中国载人航天发展的初期目标和基本任务。初期目标是：在20 世纪末至21 世纪初，建成初步配套的试验性载人飞船工程，开展空间应用实验。在确保安全可靠的前提下，从总体上体现中国特色和技术进步，全面完成四项基本任务。这四项基本任务是：①突破载人航天基本技术；②进行空间对地观测、空间科学及技术实验；③提供初期的天地往返运输器；④为载人空间站工程大系统积累经验。

(2) 中国载人航天工程的指导思想

在确立了要“做什么”之后，就是“怎么去做”的问题了。

根据三步走的发展战略，为了完成载人航天工程的初期目标和四项基本任务，需要从中国国情出发，全面而辩证地处理好安全可靠、体现中国特色和技术进步、完成四项基本任务、研制经费和研制进度之间的关系。一是从载人航天工程本质特征出发，必须把安全性、可靠性放在首位，把“安全至上，可靠第一”的原则落实到载人航天工程各个组成部分，贯穿到论证、设计、研制、生产、试验的全过程。二是力求总体性能优化，既要使载人航天工程及其主要系统的总体技术指标与性能体现中国特色与技术进步，又不片面追求单项技术的先进。三是坚持独立自主、自力更生的方针，同时吸取和借鉴国外的经验教训，力求少走或不走弯路。四是在确定技术方案时，要充分采用成熟技术和成熟技术的延伸技术，对于那些无法回避的不成熟技术和新技术，要对其难度、研制周期、涉及面大小及对整个工程的作用等进行实事求是的论证。五是贯彻大力协同、勤俭节约的原则。六是兼顾后续任务，在确定技术基础建设、技术改造与更新项目时，要为今后发展留有余地。七是培养造就一支跨世纪的航天研制队伍。

（3）中国载人航天工程的组织管理

载人航天工程是一项极其复杂的系统工程，技术难度大、系统组成复杂、涉及面广，必须采取特殊的组织管理模式。为此，该工程由中央专委直接领导，总装备部全面负责整个工程的组织实施。

航天员系统由中国航天员科研训练中心负责研制建设；空间应用系统由中国科学院有关研究所为主负责研制；载人飞船系统由中国空间技术研究院、上海航天技术研究院为主负责研制；运载火箭系统由中国运载火箭技术研究院为主负责研制；发射场系统由总装备部工程设计研究所设计，酒泉卫星发射中心负责建设；测控通信系统由北京跟踪与通信技术研究所负责总体设计，以电子科技集团公司为主负责设备研制，酒泉卫星发射中心、西安卫星测控中心和北京航天飞行控制中心等负责建设；着陆场系统由北京跟踪与通信技术研究所负责总体设计，酒泉卫星发射中心、西安卫星测控中心负责建设。

1）建立两条指挥线。为了加强工程实施中的领导，载人航天工程 7 个系统分别建立了行政和技术两条指挥线，各系统总指挥、总设计师在工程总指挥、总设计师领导下开展工作。建立了总指挥、总设计师联席会议制度，研究决策工程实施中的重要问题，有关工程的重大决策请示中央专委审批后实施。

2）成立专项办公室。载人航天工程是一项复杂、艰巨、繁重的系统工程，工程总体与各系统之间关系密切，且工程耗资较大，研制进度较紧。针对这一专项重点工程的特点，成立了载人航天工程办公室，对工程实施专项管理。研制和基本建设技术改造的项目审批、计划和经费的管理由总装备部统一负责，通过工程办公室进行方案、状态等的技术管理，使得技术方案、计划安排和配套设施建设统一筹划、统一协调、统一管理，从而有效控制研制质量、进度和经费。

采取这种管理模式的优势在于：组织精干、协调迅速、落实及时，能够处理好进度与质量、进度与经费方面的关系；能够保证研制质量，并使经费和进度得到有效的控制。同时，这种专项管理并不脱离现行的管理渠道，工程的财务、审计、标准、计量、对外合作、电子元器件及民口配套等工作仍由相应的主管部门归口管理。

经过几年的运行和探索，载人航天工程初步形成了行之有效的专项工程管理体系。图 4－1 为神舟 5 号载人飞船发射前的动员大会。

图 4–1 神舟 5 号载人飞船发射动员大会

2. 群星灿烂成一体
—— 中国载人航天工程总体

(1) 工程总体设计的主要任务

工程总体设计的内容涉及工程总体的技术要求、技术方案和各系统间的相互关系，主要任务为：

确定工程的主要功能和组成；

确定工程主要技术方案；

提出工程各系统的主要设计技术要求和系统间的接口关系；

制定大型地面试验和飞行试验技术方案；

提出研制条件保障要求；

制定工程研制阶段的划分、完成标志以及实施计划等。

(2) 工程功能和组成

载人航天工程需要具备以下主要能力：

保障航天员在空间生活和工作的能力；

进行空间科学技术实验的能力；

发射载人航天器的能力；

与载人飞船相应的测控通信能力；

安全返回及着陆或溅落能力；

意外情况下的应急救生能力；

地面搜索救援航天员和回收航天器的能力；

培训合格航天员的能力；

提供有效载荷的能力；

适应后续任务发展的能力。

载人航天工程（第一步任务）由工程总体和航天员、空间应用、载人飞船、运载火箭、发射场、测控通信、着陆场7 个系统组成。

(3) 工程主要技术要求

工程主要技术要求如表4－1 所示。

表 4–1 工程主要技术要求

指标名称		指标参数
飞船质量		入轨总质量：不大于 7500 千克（额定）
乘员人数		3 人（额定）
安全性及可靠性		航天员安全性 0.997 飞船可靠性 0.97 运载火箭可靠性 0.97
飞船有效载荷质量		入轨 不小于 300 千克 返回 100 千克
飞船运行轨道		倾角 试验阶段 42.4°～42.7° 高度 200 千米～450 千米
飞船飞行时间		自主飞行 7 天 停靠飞行 15 天～20 天（停靠空间实验室） 轨道舱单独留轨飞行 6 个月 （分离后的轨道舱具有留轨运行能力，可作为交会对接目标飞行器，并进行空间应用试验，运行轨道为高度 300 千米～450 千米的圆轨道）
飞行环境条件	舱内（返回舱和轨道舱）	舱压 81.0 千帕～101.3 千帕 气体成分 氧氮混合气体， 氧分压 20 千帕～24 千帕 温度 21℃±4℃ 返回过程不超过 40℃ 相对湿度 30%～70% 噪声 运行段不大于 75 分贝 上升段、返回段不大于 125 分贝
	飞行轴向过载	正常情况 上升段不大于 5g 返回段不大于 4g 应急情况 上升段返回不大于 15g（峰值） 返回段返回不大于 9g（峰值）
航天员自由活动空间		飞船内航天员自由活动空间不少于 6 立方米
大型有效载荷		中分辨率成像光谱仪 多模态微波遥感器
返回舱在着陆后支持航天员生存能力		返回舱具有着陆后支持航天员陆上生存 48 小时、海上生存 24 小时的能力，具有便于搜寻的措施
应急救生		具有临发射前航天员和工作人员紧急撤离措施； 上升段具有逃逸救生能力； 运行段需应急返回时，在轨等待时间最长为 6 小时
测试发射		发射场为酒泉卫星发射中心载人航天发射场
测控通信覆盖率		上升段 100%； 运行段平均每圈不少于 10 分钟～14 分钟（按轨道确定）； 返回段：保证飞船调姿、舱段分离、制动和黑障前后的覆盖。从返回调姿开始连续测控通信时间不少于 300 秒
测控通信码速率		测控通信码速率为 2Mbit/s
着陆方式		陆地软着陆，允许水上应急溅落
着陆场		设主、副着陆场各 1 个，基本任务与功能相同，副着陆场为主着陆场的气象备用着陆场
空间环境预报和监测		进行空间环境预报和监测，具备发布远期、中期和近期空间环境预报和在飞船运行期间环境出现应急情况时发出警报的能力
对后续任务的适应性		飞船经过适当修改后，应具有进行空间交会对接、停靠飞行和支持航天员（1 人次）出舱活动的基本能力； 发射场的建设尽可能兼顾发射大型运载火箭和 20 吨级空间站的使用要求

（4）工程方案要点

1）载人飞船采用轨道舱、返回舱和推进舱三舱构型，轨道舱留轨，降落伞采用普通圆顶伞方案。

图 4－2　三舱构型的神舟号飞船

载人飞船采用三舱构型（图 4－2），飞船飞行任务完成后，轨道舱继续留轨运行半年，进行科学技术试验，并作为后继交会对接飞行试验的目标飞行器。轨道舱置前，返回舱居中，推进舱置后，有利于完成载人飞船的所有任务及后续任务。普通圆顶伞技术成熟，有利于保证高可靠性和高安全性。

2）运载火箭在长征 2E 火箭基础上进行提高安全性、可靠性改进。

运载火箭系统的主要任务是将载人飞船送入预定轨道，若出现重大故障，要保证航天员安全。

为此，运载火箭取消发射卫星时使用的安全自毁功能，新设置故障检测处理分系统和逃逸分系统；控制分系统在设计上限制恶性故障的突发性；全程飞行过载不大于 5g，传至座舱的振动频率不与航天员身体频率耦合。

3）在酒泉卫星发射中心新建发射场，采用垂直总装、垂直测试、船－箭组合体垂直整体转运和远距离测试发射控制模式。

选择在酒泉卫星发射中心建设载人航天发射场的主要考虑是：①有良好的依托条件。经过 30 多年发展，酒泉卫星发射中心已经成为一座设备齐全的航天城，依托条件良好。②有利于应急救生。酒泉卫星发射中心地处广漠的硬戈壁上，人烟稀少、地势平坦，有利于发射前后期间的航天员应急救生。③良好的航区测控条件。向东南方向发射，上升段航区布有多个测控站，能保证上升段 100%的跟踪测控，从而有利于在最容易出现恶性故障的上升段保证航天员的安全。

采用垂直总装、垂直测试、船－箭组合体垂直整体转运模式，提高载人飞船发射系统的发射可靠性。强化技术区，简化发射区，将发射区工作时间减少至3～5天。

4）建立统一的S波段陆海测控网，建设北京航天飞行控制中心。

测控通信系统的主要任务是对运载火箭和飞船进行跟踪测控，建立航天员与地面之间的通信联系。

在现有测控站和测量船的基础上，建立满足载人飞船飞行试验要求的陆海测控网。主要内容是：①全部采用统一S波段体制，与国际测控网在体制上接轨；②增加陆上测控站和海上测控船，保证上升段、运行段、返回段和逃逸救生的跟踪测控要求；③争取国际联网，进一步提高跟踪测控覆盖率；④建设北京航天飞行控制中心，与执行载人航天任务的所有中心和有关系统建立数据传输和通信网，为载人航天任务提供全面服务。

5）主着陆场设在内蒙古自治区大草原，副着陆场设在酒泉卫星发射中心东南地区。

选定在内蒙古自治区苏尼特右旗以西的阿木古郎地区为主着陆场（图4－3），主要考虑是：①地势平坦，人烟稀少，基本没有硬式建筑物、高大树林和大的河流、湖泊，返回舱降落安全条件好；②处于飞船运行的最北弧段附近，星下点轨迹密度高，返回至此区域的机会比较多；③返回通道贯穿我国国土，返

图4－3 在阿木古郎地区勘察

回过程跟踪测控条件比较好；④依托条件比较好。其东面的苏尼特右旗和南面的四子王旗均有主铁路干线通达，苏尼特右旗至四子王旗的公路干线在主着陆场南面通过。苏尼特右旗和四子王旗均可作为后勤支持的依托地点。

副着陆场作为主着陆场的气象备用着陆场，地点选定在酒泉卫星发射中心东南地区，主要考虑是：①与主着陆场地区不在同一个气象区内，能够满足气象备份要求；②与主着陆场处在同一条返回轨迹上，跟踪测控条件易于保证；③靠近酒泉卫星发射中心，依托条件好；④地处硬戈壁，地势平坦，人烟稀少，着陆安全条件比较好。

6）缩短海上应急救生区，保证航天员安全。

上升段的任意时刻，运载火箭都有可能出现不能继续飞行的故障，而对应的飞船海上落区延绵10 000多千米。利用飞船机动能力，在火箭出现飞船将落入海域的故障时，飞船进行加速或减速，将返回舱落点控制在海上总长约2 000千米的3个区域内，救生海域缩短到原来的1／5。

7）利用飞船的空间试验支持能力，安排一批高水平试验项目。

飞船具备支持多种有效载荷进行太空试验的条件，主要安排空间科学技术实验，特别是需要有人照料的实验项目，验证实验方法，考核实验系统，也包含一定程度的初步应用。

有效载荷项目优先安排多光谱成像和多模态微波遥感等观测和遥感技术的实验；利用微重力环境，进行具有重要应用价值的空间材料和空间生命科学及空间环境等方面的实验和研究。

8）从空军选拔第一批预备航天员，经3～4年训练达到执行飞行任务要求。

载人航天工程将诞生我国第一批航天员。考虑到第一批航天员的主要任务是进行飞船的驾驶，暂不考虑科学家进行科学试验任务，故首批预备航天员从飞行环境适应性比较好的空军歼击机和强击机飞行员中产生。

航天员的训练吸取国际训练经验，结合我国的具体实际，制订训练方案，研制训练设施和设备，经3～4年的训练，达到执行飞行任务的要求。

（5）工程主要大型地面综合试验

载人航天工程系统组成多，系统间接口关系复杂，对系统间协同工作的正确性以及全系统的可靠性、安全性要求高，为确保飞行任务圆满成功，除常规的地面试验外，工程总体特别安排了一系列大型地面综合试验，主要包括：

1）船箭联合振动试验。试验目的主要是测定船箭组合体的振动特性。参加系统为运载火箭系统和载人飞船系统。

2）船箭电磁兼容试验。试验目的主要是考核箭载和飞船装船电子设备间的电磁兼容性。参加系统为载人飞船系统、运载火箭系统。

3）测控通信设备天地对接试验。试验目的主要是检验天地间测控通信设备的各项功能在接口关系上的相容性和工作协调性。参加系统为载人飞船系统、运载火箭系统、测控通信系统、着陆场系统。

4）发射场合练。试验目的主要是检验各系统发射场试验设施、设备、软件及相互间接口关系及工作程序的正确性及协调性。参加系统为航天员系统、空间应用系统、载人飞船系统、运载火箭系统、发射场系统、测控通信系统。

5）逃逸飞行器零高度飞行试验。试验目的主要是考核逃逸飞行器的性能。参加系统为航天员系统、载人飞船系统、运载火箭系统、发射场系统。

图 4－4　海上营救演练

6）返回舱海上漂浮试验。试验目的主要是测定受试人员舱内海上漂浮的耐受能力，检验飞船返回舱海上漂浮性能，演练海上营救出舱的程序和实施方法（图 4－4）。参加系统为航天员系统、载人飞船系统、着陆场系统。

7）整船热真空试验。试验目的主要是考核整船运行段的工作性能。参加系统为航天员系统、空间应用系统、载人飞船系统。

8）中心间联调和协同演练。试验目的主要是检验中心间接口关系信息交换的正确性和工作的协调性，并进行各系统间的协同演练。参加系统为航天员系统、空间应用系统、载人飞船系统、测控通信系统。

9）着陆场回收联合试验。试验目的主要是检验返回舱—直升机—地面搜救设备、无线电系统功能的相容性和技术方案的协调性。参加系统为载人飞船系统、着陆场系统。

10）海上营救演练。试验目的主要是检验海上应急搜救指挥和工作程序，及应急搜救设备工作的适应性、可靠性。参加系统为航天员系统、载人飞船系统、着陆场系统。

3．千锤百炼铸英雄
——航天员系统

航天员系统是一个以航天员为中心，医学与工程相结合，涉及人、机、环境的复杂系统。航天员系统的核心任务是培训出合格的航天员。

（1）基本任务

航天员系统的基本任务是：选拔和培训出合格的航天员；对航天员实施有效的医学监督和医学保障；研究航天环境因素对人的影响，并提出相应的防护措施；研制并提供航天服、航天食品、医监医保设备和物品、个人救生物品及其他个人装备；提供工程设计所需要的医学和工效学要求和数据，并进行相应的医学和工效学评价；积累载人航天经验，为载人航天工程的后续任务进行必要的技术准备。

（2）组成及关系

航天员系统由航天员选拔训练、航天员医学监督与医学保障、航天服、航天营养与食品、失重生理效应与特因防护、无人飞船拟人载荷及医学评价、地面模拟设备、飞行训练模拟器、飞船工程设

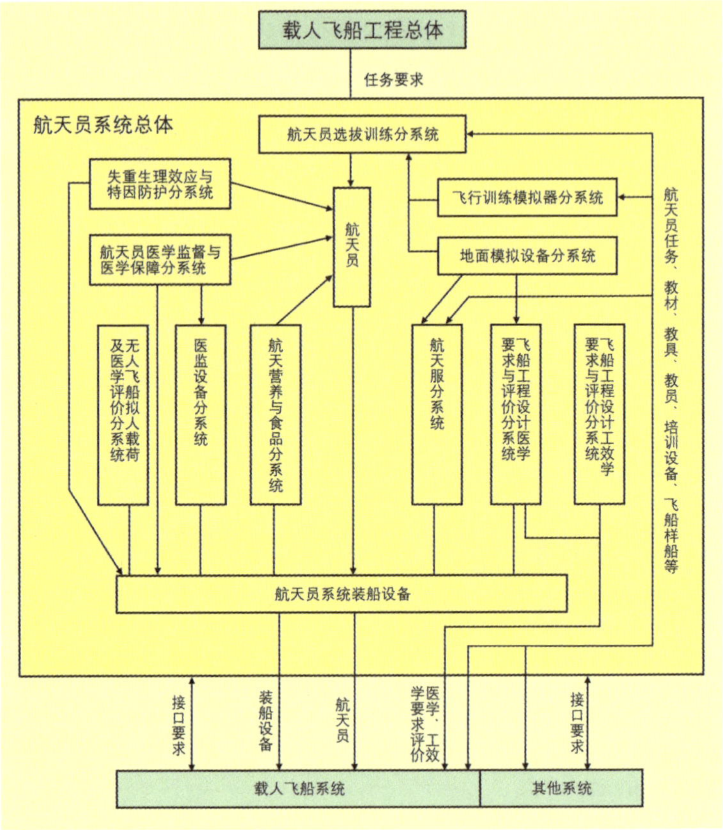

图 4-5 航天员系统组成及关系图

计的医学要求与评价、飞船工程设计的工效学要求与评价和医监设备等分系统组成。这些分系统在航天员系统总体的协调下，从不同的方面完成航天员系统的任务。各分系统之间以及与载人航天工程总体和各系统之间的关系见图 4-5。

（3）航天员选训

航天员是具有在航天飞行环境条件下完成航天任务能力的“特殊人”。他们具有非常好的身体素质、思想素质和心理素质；对航天环境因素的耐受和适应能力强；在执行航天任务时身体健康，心理稳定，不会发生严重的疾病和心理障碍。他们能熟练掌握航天飞行应具备的各种知识，熟悉飞船有关系统的工作特性及故障状态，熟练掌握对飞船的检查、监视、操作、通信以及故障和应急状态的处理技能，熟练掌握各种异常状态下的生存技能，具有高度的应变能力，能够完成预定的飞行任务。

航天员系统的首要任务是为载人航天工程选拔和培训合格的航天员及协调的乘员组。这项工作以航天员选拔训练分系统为主，航天员医监医保、飞行训练模拟器、地面模拟设备等分系统协助实施。图 4－6 给出了航天员选拔训练总体方案简图。

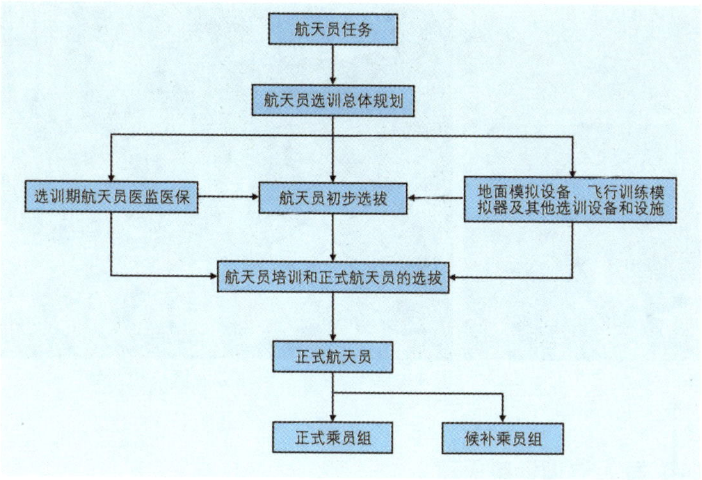

图 4－6 航天员选训总体方案简图

中国航天员科研训练中心坐落在风景秀丽的北京航天城内。它是中国唯一从事载人航天领域中有关航天医学、航天环境控制与生命保障技术研究，以及相关船载产品研制的综合性研究机构，航天员选拔与训练就是在这里完成的。

在整个航天飞行中，航天员要在封闭狭小的航天器环境里经历超重、失重交替的过程，要承受噪声、振动等许多环境因素的影响，还要完成各种操作和大量科学试验，因此，航天员要在 3 ~5 年的训练中完成基础理论学习、体质训练、航天环境适应性训练、专业技术训练等 9 大类百余项的科目训练，实现从飞行员到航天员的转变，这一过程充满艰辛和困难（图 4－7 ~ 图 4－10）。

图 4－7　沙漠训练

图 4－8　野外丛林生存训练

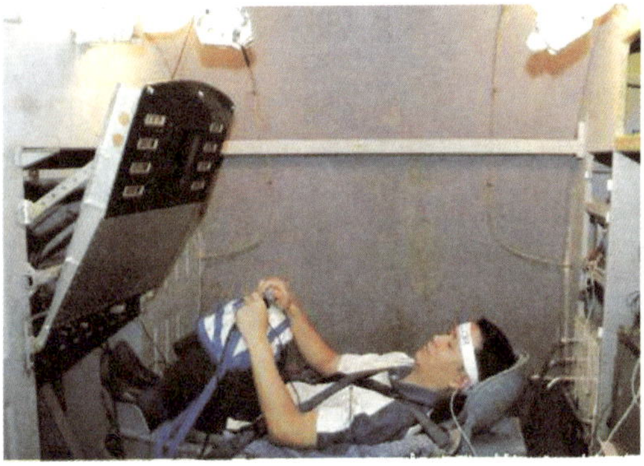

图 4－9　超重耐力适应性训练

图 4－10　固定基全任务飞行模拟训练

（4）载人航天健康保障

载人航天健康保障涉及人、人－环境和人－机关系等方面，研究人的基础数据及生活和健康保障需求，提供保障航天员正常生活和健康的条件；研究各种航天环境因素（特别是失重）对人的生理和心理的影响；研究人－机关系对人工作效率的影响。在此基础上提出医学和工程防护措施，对飞船工程设计提出医学和工效学要求和数据，提出无人飞船拟人载荷考核方法，通过参与飞船系统各阶段的地面试验和无人飞行试验，进行相应的医学和工效学评价，为载人飞行决策提供依据。

载人航天健康保障主要从人的生活和健康保障、人－环境关系、人－机关系和无人飞行四个方面来保障载人飞行时航天员的安全、健康和工作效率。由航天营养与食品、航天服、航

图4－11　中性浮力水槽

天员医监医保、医监设备、失重生理效应及特因防护、飞船工程设计的医学要求与评价、飞船工程设计的工效学要求与评价和无人飞船拟人载荷及医学评价等分系统具体实施。

(5) 装船设备和物品

要实施载人航天的健康保障，除了载人飞船系统的工程保证措施外，航天员系统也需要研制相应的符合装船体积、质量、功耗和安装要求的设备和物品。航天员系统的主要装船产品包括：

1）舱载医监设备。

2）航天服及个人装备，包括舱内航天服内衣、舱内工作服和睡袋，执行舱外活动任务时，还包括舱外航天服。

3）航天食品，包括飞行首餐、各天食谱食品包、储备食品及饮水包。

4）航天员救生物品，包括救生物品包和救生船包。

5）医保用品，包括梳妆清洁用品包、浴巾包、脸巾包、手巾包、呕吐物收集袋包、湿性物收集袋包和航天药箱。主要用于航天员个人清洁卫生和疾病防治。

6）工作用品，包括工作用品盒和摄像机等。

7）航天员个人剂量仪和航天员个人剂量计包，用于航天员个人辐射测量及辐射剂量监测。

8）航天员系统的回收物品，包括航天员尿样收集袋、胡须与唾液样品收集装置等。

图4－12 在中性浮力水槽中进行舱外活动训练

（6）航天员训练中心里的大型训练设施

航天员训练中心里主要的大型训练设施有：超重训练设备、转椅和电动秋千、冲击塔、固定基全任务飞行训练模拟器、出舱活动程序训练模拟器、飞船舱内环境模拟器、舱外航天服试验舱、高压氧舱和中性浮力水槽。这里，重点介绍中性浮力水槽。

中性浮力水槽是模拟太空失重环境的重要设施（图4－11），为保障航天员出舱活动任务，航天员需要在地面中性浮力水槽中进行大量训练（图4－12）。中性浮力水槽可以通过配重或配浮方法，使穿着水槽训练用舱外服的航天员在水中受到的浮力和重力大小相等，质心和浮力的位置基本重合，这时航天员会产生一种类似于太空失重下的漂浮感。在中性浮力水槽中可以使用航天器模型对航天员进行作业训练，航天员可以掌握失重状态下运动的协调性以及姿态控制、空间运动、空间操作、运送货物和维修作业等活动的方法和技巧，这种训练逼真、有效。

4．占尽天机为我用
—— 空间应用系统

通过对中国载人航天的应用需求、国内外发展趋势和工程可实现性等综合研究和论证，空间应用系统确定并在神舟号飞船上成功完成了对地观测、空间科学实验与研究等领域的多项任务。

（1）对地观测

为了研制与国际同步发展的空间遥感器，推动地球系统科学的研究，确定了中分辨率成像光谱仪、多模态微波遥感器和地球环境监测三项在轨试验和应用任务。

1）中分辨率成像光谱仪。中分辨率成像光谱仪作为新一代“图谱合一”的光学遥感仪器，具有获取地球目标（海洋、大气、陆地）详细光谱景像的能力，是目前公认的监测地球环境最有

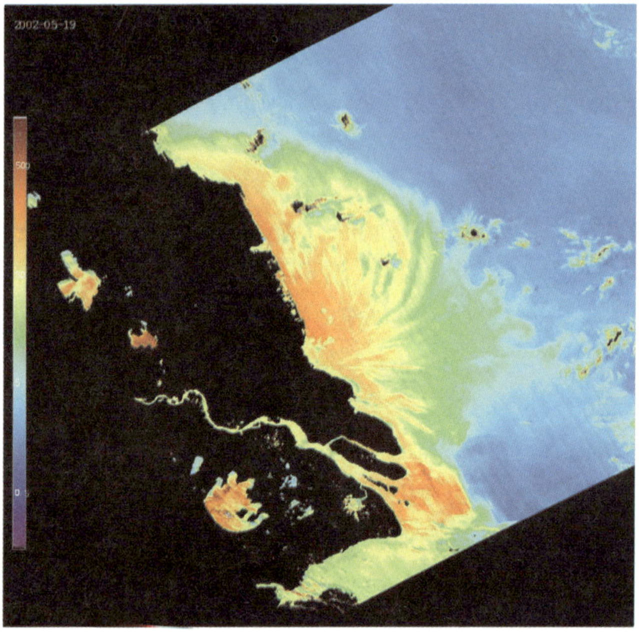

图4–13 中分辨率成像光谱仪拍摄的长江口悬浮泥沙分布情况

效的空间遥感仪器之一。地球目标的不同光谱景像可用于农业、资源调查、自然灾害监测。

通过该项目的研制和飞行试验，掌握了先进的成像光谱接收和焦平面制冷技术；对仪器的性能和关键技术进行了在轨考核，检验了仪器的遥感能力，为以后研制长寿命空间仪器积累了经验；开展了初步应用，综合应用效益良好，为发展业务型中分辨率成像光谱仪作了技术准备。中分辨率成像光谱仪拍摄的长江口悬浮泥沙分布情况见图4–13。

2）多模态微波遥感器。微波遥感具有全天候观测的特点，该仪器集主动式微波遥感器（即雷达高度计ALT和雷达散射计SCAT）和被动式微波遥感器（即多频段微波散射计RAD）于

图4–14 多模态微波遥感酒泉地区图

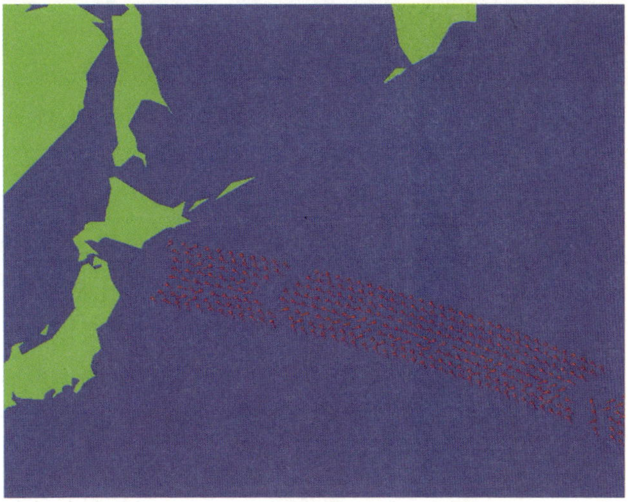

图4-15 多模态微波遥感风场图

一体，在海洋应用中，可为大洋环流与中尺度过程、海浪、海风、海温等研究提供重要数据；在大气与陆地研究中，可对降水、水汽订正、土壤水分、积雪、地质环境及植被分布等研究和监测提供重要数据。多模态微波遥感器的研制突破了空间主动和被动遥感器的关键技术，填补了中国空间微波遥感器的空白，为今后空间微波遥感器的研制奠定了基础。多模态微波遥感图像见图4-14和图4-15。

3）遥感应用研究。由于中分辨率成像光谱仪和多模态微波遥感器是工程主要的空间应用有效载荷，因此，对其基础技术的研究、定标方法、校飞和在轨运行的性能评估十分重要。为了取得初步应用效果，并为今后的业务应用奠定基础，安排了遥感应用研究项目，例如对地观测应用基础技术研究（包括地物波谱、地面定标、大气校正、光谱和图像处理），海洋水色水温遥感应用研究，海洋动力环境遥感应用研究，生态、水文和固体地球遥感应用研究（重点是植被、土壤、水文、地质等方面），云、水汽、气溶胶探测应用研究等。

4）地球环境监测系统。神舟号飞船上安排了当前国际地球科学和日地物理学界共同关心的太阳常数监测器、太阳紫外光谱监视器和地球辐射收支仪，对太阳常数和太阳紫外辐照度、地气系统红外可见光辐射进行了定量测量，监测了大气臭氧总浓度分布等地球环境重要参数，达到了与国际同类探测绝对精度可比对的水平，为我国相应的研究工作进入世界先进行列提供了条件。

（2）空间科学研究与实验

微重力科学研究和实验是当今载人航天实验的热点，中国载人航天工程空间科学实验任务包括了微重力流体物理、空间材料科学和空间生命科学实验。

1）微重力流体物理。流体（气体、液体、熔体）在微重力条件下的运动规律，改变了重力场下晶体生长和材料凝固的过程和条件。深入进行材料加工过程中的流体力学、流体物理和物理化学等方面的基础研究，掌握微重力条件下流体运动的规律对空间材料加工过程有指导作用。

微重力流体物理研究以微重力条件下材料制备为背景进行材料的流体物理规律研究。例如，微重力流体力学数值研究中开展了半浮区液桥热毛细对流、液滴热毛细迁移、两层流体对流实验，该实验可以研究对流现象和规律，不仅有重要的理论研究价值，也对空间材料晶体生长和空间生命科学实验有指导作用；微重力流体力学实验研究中开展了半浮区液桥实验、液滴迁移实验、不同重力气液两相对流实验、Benard－Marangoni迁移动力学实验，这些实验可以研究解决在微重力条件下材料加工、晶体掺杂、空间焊接及电泳过程中都会遇到的液滴或气泡迁移问题。多液滴迁移相互影响实验情况见图4－16。

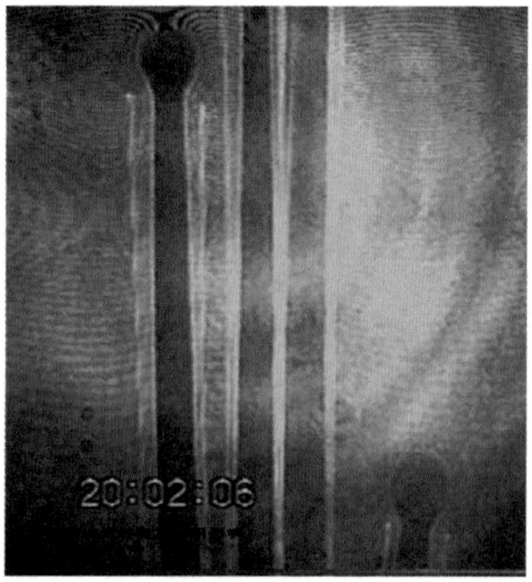

图4－16 多液滴迁移相互影响实验

2）空间材料科学。在微重力环境下开展材料科学研究，不仅具有开发空间环境资源，制备各种优质材料的应用前景，而且有助于加深对材料物理过程本质的认识，指导改进地面材料的制备工艺，具有潜在的重大经济效益。

飞船搭载的材料科学实验主要有：①研制了多工位晶体生长炉，一台装置可进行6 种不同材料样品的实验，进行了二元及三元半导体材料、氧化物晶体、金属合金和非晶合金等的晶体生长实验，开展了微重力条件下的材料科学研究。②研制了空间晶体生长观察装置，实时观测了微重力条件下透明氧化物晶体生长过程，研究了晶体生长动力学和重力对流消失后各种次级效应对晶体生长的影响。

例如，锑化镓（GaSb）晶体生长研究的主要目的是掌握半导体单晶的空间生长技术，为未来在空间站上生产锑化镓单晶材料作技术准备，锑化镓在太阳能电池、长波激光器等方面有重要应用。在地面生长的单晶严重偏离正化学配比，掺杂均匀性差。微重力条件有利于生长正化学配比的单晶和提高掺杂均匀性，为改善地面生长的锑化镓单晶质量提供新的途径。图 4－17 为空间生长的锑化镓晶体枝蔓现象。

图4—17 空间生长的锑化镓晶体枝蔓现象

绝大多数氧化物晶体是从高温熔体中生长的。在地面重力环境下，熔体中存在的温度梯度常会引起熔体的浮力对流，给生长晶体的组成均匀性及结构完整性带来不利影响。空间微重力环境为我们提供了抑制氧化物熔体中浮力对流的有效手段，从而有可能生长出质量和性能更好的氧化物晶体。例如氧化物晶体硅酸铋，它具有许多良好的光学性能，如线性电光效应、光电导效应、光折变效应、压电效应、旋光及法拉第旋转效应等，是一种十分有前途的多功能光信息材料。

3）空间生命科学。空间环境的微重力、高能辐射等特殊条件，对于各种生物的生命过程和生命现象均可能引起不同层次的多种变化。因此，空间生命科学研究不仅有助于揭示生命科学中不可能在地面环境下获知的一些本质特征，而且在应用上有可能掌握和获取生产高质量单晶和高纯度、高效生物制品的空间生物工程方法，并产生重大经济效益。

空间生命科学研究的重点是空间生物材料加工的方法、技术和应用研究，在飞船上的科学实验安排了以下 5 项任务：

①研制了空间蛋白质结晶装置，建立了中国的蛋白质结晶技术基础，进行了蛋白质和其他生物大分子的空间晶体生长，培养出了优于地面、能用于大分子三维结构测定的单晶体。图 4－18 为空间生长的人脱氢异雄酮磺转移酶蛋白晶体。

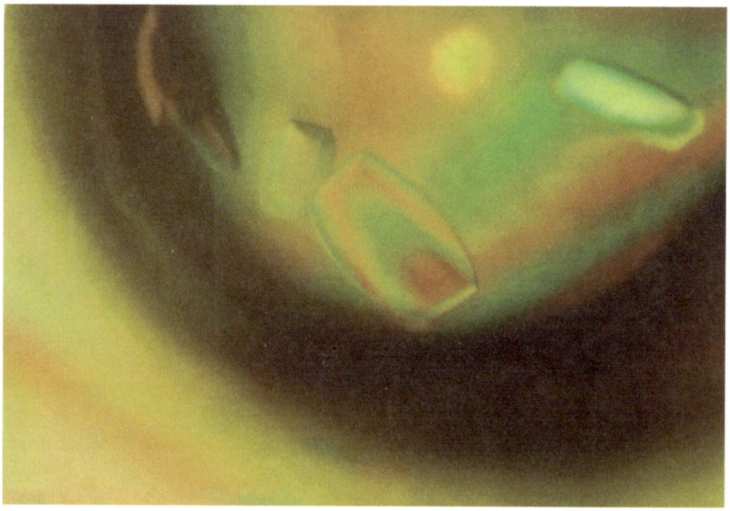

图 4–18 空间生长的人脱氢异雄酮磺转移酶蛋白晶体

②研制了空间细胞生物反应器，进行了动、植物细胞的空间培养，研究了具有制药前景的动植物空间培养方法，以及微重力对细胞生长、代谢、合成及分泌物活性物质的影响。

③研制了空间细胞电融合仪，利用微重力资源提高了电融合杂种细胞成功率，开辟了细胞工程的新方法，并利用动、植物细胞和有特色的细胞样品进行了空间细胞电融合实验，考核了方法和技术，取得了应用价值，为实现空间生物加工、培养新品种和生物制药（杂交瘤）奠定了基础。图 4－19 是抗天花粉蛋白的淋巴细胞杂交瘤细胞和人大颗粒淋巴细胞空间样品与地面样品的对照。

④研制了小型空间连续自由电泳仪，进行了细胞和生物大分子空间分离纯化方法和技术研究，通过空间分离纯化实验，考核了方法和技术，为空间生物样品分离纯化和空间制药奠定了基础。

⑤研制了通用生物培养箱，开展了植物、动物、水生生物、微生物、细胞和细胞组织等空间环境生物学效应实验，从不同层次上研究了不同类别生物体和多元生物封闭系统的空间环境效应，并提供了空间生命过程调控的新技术、新思路，通过空间实验获得和选取了新型生物材料。

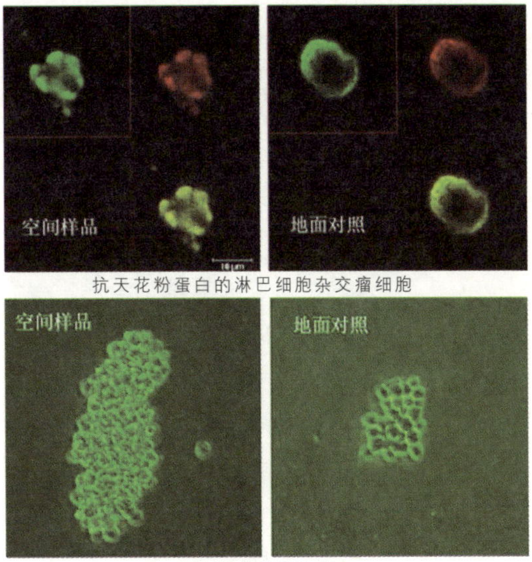

图4–19 淋巴细胞生长对比

(3) 太空暴露实验

载人航天工程有许多技术需要在太空先进行初步试验，进行科学分析和评估后再决定是否真正在太空实际使用。空间应用系统选择了多种固体润滑材料和太阳电池基底薄膜材料，安置在神舟 7 号飞船外面进行暴露实验。实验完毕后，由航天员出舱回收试验样品，并放置在样品回收袋中随返回舱回收。神舟 7 号飞船太空暴露试验固体润滑材料装置如图 4－20 所示。

图4–20 神舟 7 号飞船太空暴露试验固体润滑材料装置

(4) 空间天文和空间物理探测

在神舟号飞船上着重进行了宇宙 γ 射线暴的探测，并兼顾了太阳耀斑高能辐射的监测。研制了由超软 X 射线探测器、X 射线探测器和 γ 射线探测器组成的宽能区、高时间分辨率谱仪，实现了中国首次对 γ 射线暴和在太阳活动峰年期

太阳耀斑的空间探测。

(5) 空间环境探测和预报

1）空间环境探测。空间环境及其变化是空间任务特别是载人航天任务十分关注的问题，涉及载人航天的安全。空间环境监测和预报是载人航天工程的任务保障和支持系统之一，在飞船上安排了高能带电粒子、高层大气及等离子体探测3个方面的8项探测任务，研制了大气成分探测器、大气密度探测器、单粒子事件探测器、重粒子径迹探测器、高能质子重离子探测器、高能电子探测器、低能粒子探测器、电位探测器等8种空间环境探测器，安装在各艘飞船上，在飞船飞行期间，监测空间环境的变化，为航天员的辐射防护设计提供了依据，为空间环境预报和警报提供了实时数据。

2）空间环境预报。为实施载人飞船工程的空间环境预报，空间应用系统建立了空间环境预报中心。空间环境预报中心的功能是分析和确认飞船工程各用户的需求，收集天基、地基的空间环境监测数据，开展与预报相关的研究工作，向用户提供常规空间环境预报和专项预报等产品和服务，向用户提供空间环境知识和利用空间环境预报产品的培训。

(6) 有效载荷应用中心

有效载荷应用中心是载人航天任务空间应用系统中主要的地面支持分系统，其主要任务是制订有效载荷运行计划，在北京航天飞行控制中心的协同下，对有效载荷进行状态监视和运行业务管理；接收、存储和管理有效载荷下行数据，对获取数据进行预处理、处理，对有效载荷运行状况进行评估，为用户提供数据产品和应用服务；利用专用综合电测设备进行有效载荷系统联试、载人航天器总装测试和发射场测试；对有效载荷出现的故障进行分析、判断和诊断，并提出故障处置方案。

5. 出类拔萃巡天舟
—— 载人飞船系统

(1) 系统组成

载人飞船系统由飞船系统总体和13个分系统组成。这13个分系统分别是：结构与机构、环境控制与生命保障、热控、电源、推进、制导导航与控制、数据管理、测控与通信、回收着陆、仪表与照明、应急救生、乘员、有效载荷。在以上13个分系统中，乘员分系统和有效载荷分系统分别属于航天员系统和空间应用系统的装船部分。

(2) 技术状态

为适应不同阶段的任务变化，神舟号载人飞船有三种技术状态。

1）初期试验技术状态。在载人飞船发展初期，进行无人飞行和载人飞行时，轨道舱留轨进行空间应用试验，所以轨道舱上安装有一对太阳电池阵和独立的姿态控制系统，具备卫星所应有的功能。为增加空间应用试验的有效载荷，必要时在轨道舱前面增加一个附加段（图4－21）。

2）出舱活动试验技术状态。对于首次进行航天员空间出舱活动任务的神舟7号飞船，飞船轨道舱除具备生活舱功能外，还作为出舱活动用的气闸舱，航天员从轨道舱的侧舱门（即外舱门）出舱。轨道舱贮运舱外航天服，配置轨道舱泄复压系统、出舱支持设备和舱外行走扶手。轨道舱不再执行

图4－21 初期试验飞船（神舟2号）

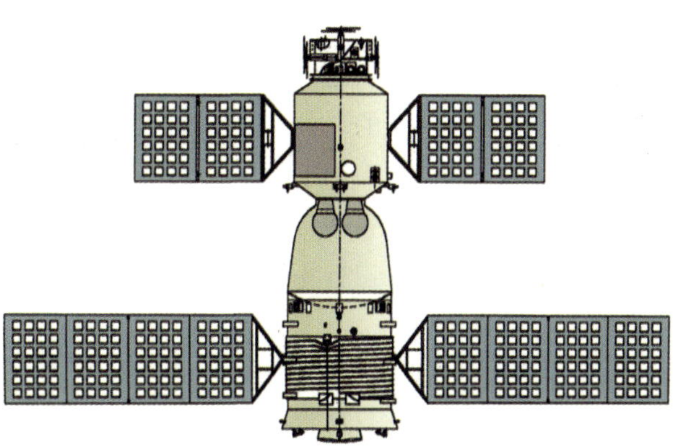

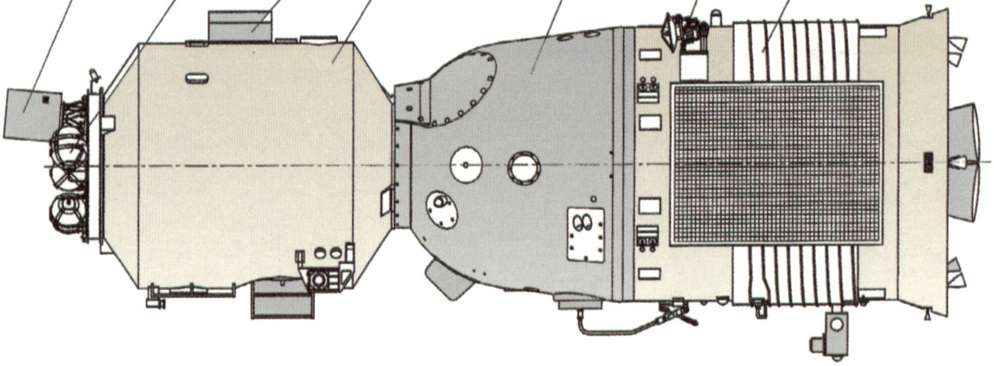

图 4—22 执行航天员出舱活动任务的神舟 7 号飞船

留轨任务，因而取消了太阳电池阵和姿态控制系统（图 4—22）。

3）天地往返运输器技术状态。此技术状态飞船用于与天宫 1 号目标飞行器进行交会对接试验，以及作为天地往返运输器，在地面与空间实验室、空间站之间运送往来人员和物资。在这些阶段轨道舱不再进行留轨利用，因此轨道舱的配置与初期试验技术状态相比，少了太阳电池阵和姿态控制系统等设施，而在轨道舱的前端会安装一套空间对接机构和用于交会对接的测量、运动控制等设备，以完成与其他飞行器的交会对接任务（图 4—23）。

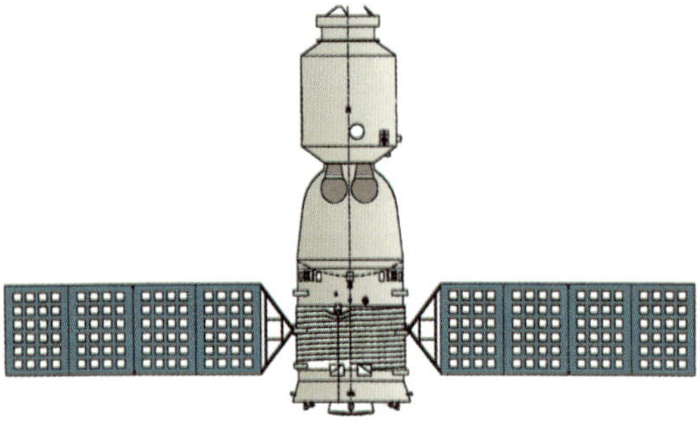

图 4—23 天地往返运输器

在上述三种基本技术状态中，飞船的总体构型基本不变，船上的基本系统组成不变。实际上每次飞行任务的飞船技术状态都不完全一样，需要根据每次飞行任务的目的和任务，对乘员、有效载荷和其他相应分系统的配置进行相应的调整。

（3）总体布局

神舟号载人飞船由轨道舱、返回舱和推进舱三个舱组成。飞船总长为 8 米（不包括附加段或对接机构），圆柱段的最大

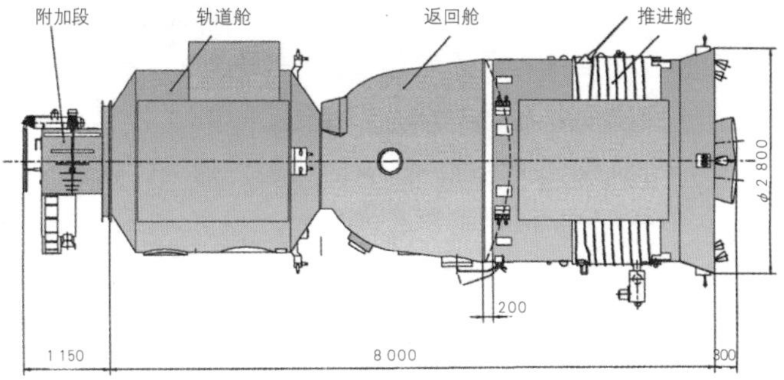

图4-24 飞船外形及基本尺寸

直径2.5米，推进舱后端面与运载火箭对接处最大直径2.8米（图4-24）。

1）轨道舱。轨道舱位于飞船前部，为密封结构，外形为两端带有锥角的圆柱形，总长为2.8米，圆柱段直径2.25米（图4-25）。

轨道舱在圆柱段侧壁有一个直径0.75米的内开式密封舱门和一个直径0.53米的对地观察窗。舱门是发射前航天员进出飞船的进出口。在圆柱段外部设有外挂舱，内装单组元推进系统的无水肼贮箱、气瓶和阀门等组件。推进系统的发动机分布在轨道舱的后锥段。在轨道舱装有单轴旋转的可展开太阳电池阵。舱体外表面还装有太阳敏感器和红外地球敏感器等制导、导航与控制系统的部件，以及测控通信用的天线。整个舱体的外表

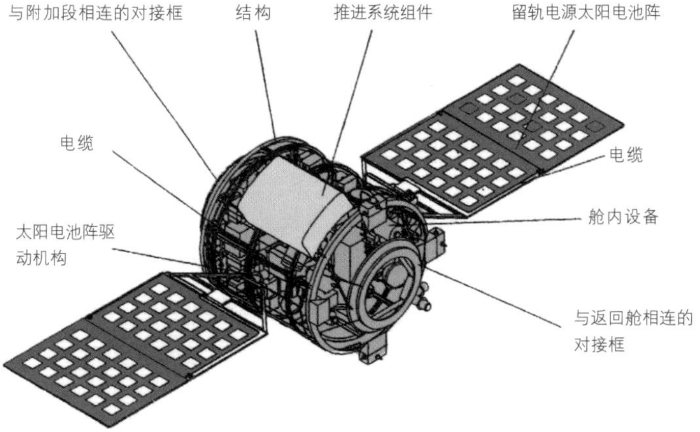

图4-25 神舟号飞船的轨道舱（去掉外壳的状态）

面包敷了由多层涤纶薄膜组成的热控外衣。轨道舱的后端框通过火工锁和分离推杆与返回舱连接。

轨道舱内部采用隔板式布局，并设置宽0.9米、贯穿全舱的通路，作为航天员在地面时进入返回舱的通道，以及在轨飞行时进行各种试验、活动和休息的场所。通道两侧设置三组仪器安装板，用于安装各分系统的仪器设备和航天员的生活用品，各分系统的设备布置相对集中。在无人飞船状态下，舱内装有人体代谢模拟装置，用于模拟航天员的耗氧量、二氧化碳排出量和发热量等，以便对船上环控生保分系统及热控分系统进行考核。

轨道舱后端开有一个直径0.6米的圆孔，它与返回舱的舱门相对应连接，作为航天员进出的通道。前端外径1.45米，在交会对接试验和作为天地往返运输器使用时安装对接机构。在无人飞船状态下，前端则连接一个附加段。

附加段是为有效载荷进行空间应用试验的舱段，为非密封结构，其构型随有效载荷的要求而有所不同，基本结构为箱体结构。

2）返回舱。返回舱位于飞船的中部，为密封结构，外形为大钝头倒锥体，呈钟形，长度为2.5米，最大直径为2.5米。

返回舱是航天员的座舱，也是飞船唯一可以再入大气层返回着陆的舱段。航天员在上升段和返回段飞行过程中都坐于返回舱内。

返回舱的外表面（除前端舱门外）均为不同厚度的低密度烧融材料所包敷。在锥段上设有两个伞舱，伞舱盖前端带有为提高返回时气动稳定性的耳片。在备份伞舱下设有推进剂隔舱，内装单组元推进系统的无水肼贮箱，气瓶和阀门等组件，隔舱盖上装有推进剂排放孔。在返回舱前半球段和侧壁上设有5个发动机小舱，分别安装两对滚动、一对俯仰和一对偏航发动机。在锥段上开有航天员用以观察的两个直径0.22米的舷窗。还有一个直径0.25米的光学瞄准镜窗口，用于对地观测。在侧壁上装有天线，在半球段上设有天线舱，内装短波和超短波天线以及着陆后使用的闪光灯。在侧壁上还有静压高度计取样孔、氧

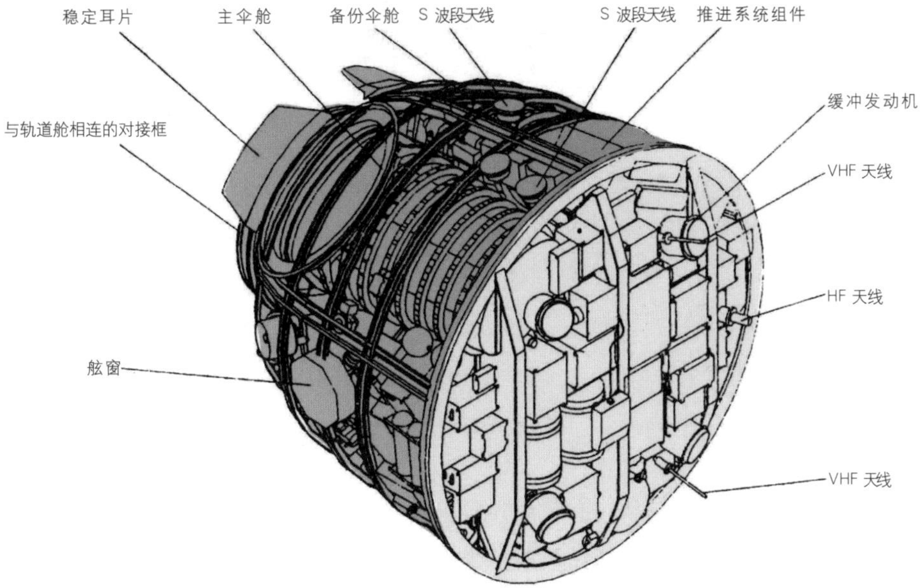

图4－26 神舟号飞船的返回舱(去掉外壳状态)

气加注孔和排气调压孔等。返回舱与轨道舱之间的电、气、液路接口处的断接器都布置在返回舱前端面上，与推进舱的接口则位于背风面靠近大底端框的分离封板上。返回舱的烧蚀大底在降落伞打开后即被抛弃，露出的密封大底上安装有四台固体缓冲发动机（用于减小着陆时的冲击)、与之配套工作的高度计以及短波和超短波天线等。

返回舱的前端有一个直径为0.65米的内开式密封舱门，用于航天员的进出。在轨运行时，舱门打开，返回舱与轨道舱连成一体，成为航天员的活动空间。舱门上还安装有一副超短波天线。返回舱外形与结构如图4－26所示。

返回舱内部，在位于返回舱质心平面附近对称布置三个带缓冲装置的航天员座椅（可以按航天员人数调整)，略呈扇形分布。在无人飞船状态，只有中间一个座椅，并在其上放置了一个形体假人。在其他座椅位置则放置了有效载荷。在座椅周围主要放置方便航天员取用的物品和部分设备，主要有医监设备备件包、食品袋、生理测试设备专用包和抗噪控制器等。座椅

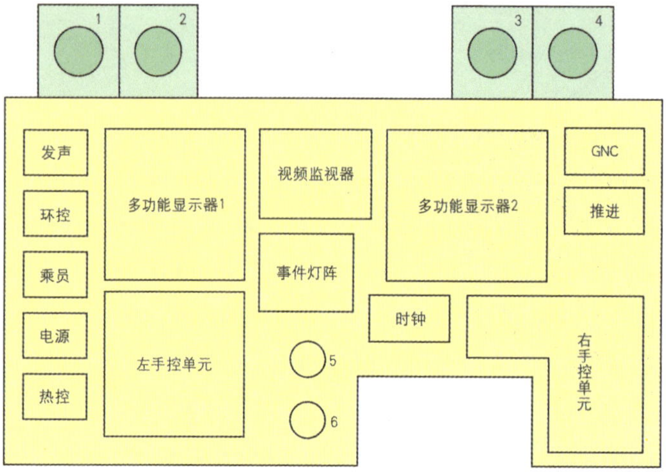

图4–27 主仪表板布局图

1–O_2 分压表；
2–CO_2 分压表；
3– 舱压表；
4– 电源电压表；
5– 应急电源安时表 1；
6– 应急电源安时表 2

下放置了环控生保分系统的冷凝干燥器组件。在中间座椅前下方是光学瞄准镜窗口。左右两侧是航天员用于进行人工控制飞船平移和姿态运动的手柄。再往前位于前端半球段靠近舱门的位置，对称布置了三块仪表板，中间的主仪表板（图4–27）上有两个液晶显示屏，用于显示船上设备工作状态和飞船飞行参数，下面有用于航天员人工控制的各种开关。在左右舱壁上还设有副仪表板，仪表板四周布置了便于航天员操作的设备，如排气调压组件和风扇等。

在航天员座椅上方布置有 2 个伞舱，在伞舱之间安装有摄像机和照明灯。在返回舱内的前端侧壁上集中了环控生保分系统需要航天员操作和调节的设备。在座椅后面至密封大底之间是各分系统设备的集中安装区，这些设备和座椅均分别装在 3 根大梁上。

3）推进舱。推进舱位于飞船的后部，为非密封结构，外形为后部带短锥段的圆柱体，结构总长为 2.94 米，圆筒段直径为 2.5 米，后锥段与运载火箭连接处最大直径为 2.8 米。

推进舱的主要功能是为飞船的轨道和姿态控制提供动力，为飞船提供电源，并为飞船密封舱内的排热调温提供手段。在轨飞行期间三舱状态下，推进舱还负责为航天员供氧，并为各分系统的部分设备提供安装空间，因此推进舱在飞船中起着服务舱的作用。

在推进舱的圆筒段外表面包敷着辐射散热器。中部两侧安装了总面积为 24 平方米的可单轴旋转的主太阳电池阵。推进舱的外部还装有红外地球敏感器、太阳敏感器、短波和 C 频段天线等。除此之外，舱表面上还有许多开口，用于进行连接分离、

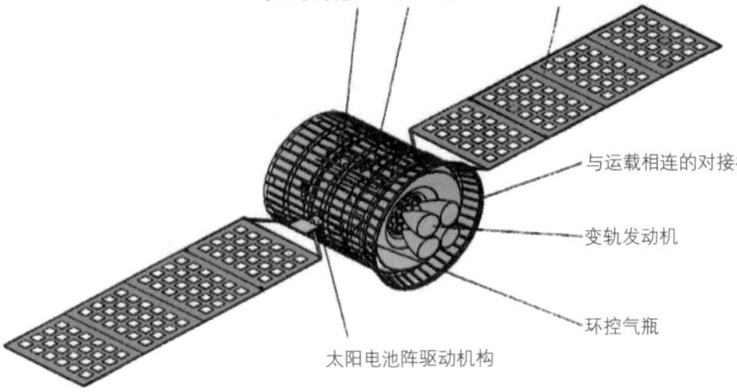

图 4–28 神舟号飞船的推进舱（去掉了外壳状态）

电池、设备、电缆和管路的安装操作等。热控的加注排放阀，环控生保的充氧、充氮阀也都布置在侧壁上。在圆筒段的前端安装了用于与返回舱进行电、气、液路连接分离的分离摆杆机构和分离密封板。为了隔离舱内外的热交换，在前端还布置了隔离罩，一头搭接在返回舱大底上，另一头连在推进舱圆筒上。

推进舱通过前端的火工锁和分离弹簧实现与返回舱的连接与分离。其锥段后端框通过包带与运载火箭相连接，并由弹簧提供分离力。在推进舱的后端面上还设有分离插座和分离开关等。在锥段壳体上均匀分布了四个姿控发动机组以及脱落插座。锥段内侧设有倒锥形尾流罩及挡板，以防止发动机尾流对舱内系统产生影响。

推进舱内主要由仪器安装圆盘和承力锥组件构成。圆盘上安装了各分系统的仪器设备，后部的承力锥上安装了四个推进剂贮箱和高压气瓶，下端安装了4台2.5千牛推力的变轨发动机。推进、环控生保和热控分系统的管路组件主要分布在推进舱的侧壁上，推进舱外形与结构如图4－28所示。

4）飞行状态。飞船在执行飞行任务时，在不同的飞行阶段飞船各舱段的组合和状态是有所不同的。

发射时，太阳电池阵呈收拢状态，整个飞船置于运载火箭整流罩内，通过推进舱的后端框和运载火箭锁紧装置将飞船安装在运载火箭的飞船支架上。飞船入轨后，船箭锁紧装置解锁，实现船箭分离。分离后船上位于轨道舱和推进舱的两对太阳电池阵随即展开，开始并网供电。在运行段飞行期间只有推进舱上的太阳电池阵进行对太阳的跟踪控制。飞船制动返回前，轨道舱与返回舱分离，并留在轨道上继续飞行。返回舱与推进舱一起制动，并在进入大气层前实施两舱分离，返回舱继续再入大气层，在离地面约10千米高度时开启降落伞，在离地面约1

米时反推发动机点火，实现软着陆。分离后的推进舱则在再入大气层的过程中烧毁。

（4）飞行方案

运载火箭将飞船送入轨道倾角约为42.3°、近地点高度约为200千米、远地点高度约为350千米的初始轨道。飞船在第5圈远地点处进行变轨，变轨后的飞船进入轨道高度约为343千米的圆轨道运行。飞船在这样的轨道高度上飞行阻力较小，因此轨道维持需要消耗的推进剂也就比较少；这样的轨道高度距离地球内辐射带有一定的距离，这对航天员的安全也较为有利。

飞船的运行轨道是一条两天回归的轨道，也就是说飞船在第1，3，5，7，…天，每隔一天其飞行轨道就正好经过主着陆场上空，这样就方便了返回时间的选择。

返回舱返回地面的轨道有两种。在正常情况下，返回舱采用升力控制返回；在制导、导航与控制等分系统出现故障时，采用弹道式返回。升力控制返回轨道的制动点是在南太平洋靠近非洲西海岸位置的上空，在此处变轨发动机制动点火，经过从约350千米到约近100千米高度的滑行以后，返回舱以约−1.5°的再入角进入地球稠密大气层。此后通过对返回舱侧倾角的变化来实现返回升力控制，降低返回时的过载，从而可以比较精确地返回到着陆场。

（5）航天器研制试验中心

航天器研制试验中心座落在北京航天城内，是中国载人航天技术和大型航天器的研制试验基地。该中心的主要任务是：对飞船等大型航天器进行组装、总装、电测、试验，对航天器主要分系统进行系统试验、安全对策设计和仿真试验，对航天器进行故障模拟对策试验。

航天器研制试验中心主要设施设备有：总装电测大厅、转运间、产品运输通道、装配区、质量特性实验室、电磁兼容实验室、力学环境模拟实验室、热真空环境模拟实验室、数据管理系统实验室、无线系统实验室、故障模拟对策实验室、检漏实验室、管路焊接实验室、制导导航与控制实验室、机构实验室、磁实验室、火工品库、物资库以及配套设施等。

6. 万无一失通天梯
—— 运载火箭系统

（1）总体构型和组成

长征2F 火箭为两级半构型，即芯级并联4 个助推器，由芯一级、芯二级、4 个助推器、整流罩、逃逸塔等组成。火箭全长58.34 米，起飞质量479.8 吨，芯级直径3.35 米，助推器直径2.25 米，整流罩最大直径3.8 米，火箭的芯级和助推器均使用四氧化二氮作为氧化剂，偏二甲肼作为燃烧剂，能够把8 吨重的飞船送入地球轨道。长征2F 运载火箭由箭体结构、动力装置、控制、推进剂利用、故障检测处理、逃逸、遥测、外测安全、附加、地面设备等共10 个分系统组成（图4－29）。

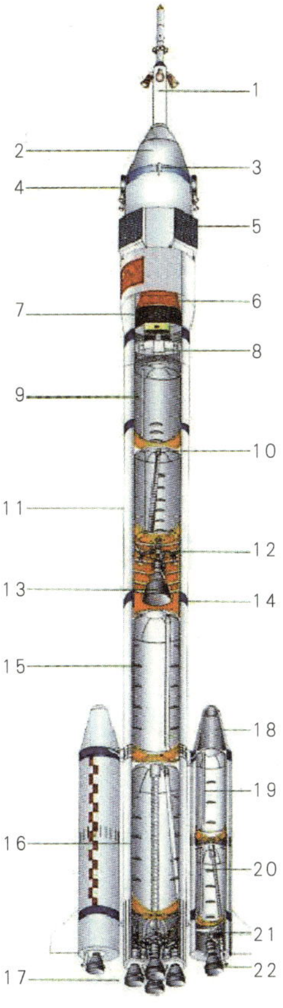

图4－29 长征2F 运载火箭总体布局图

1－逃逸塔
2－整流罩
3－高空分离发动机
4－高空逃逸发动机
5－栅格稳定翼
6－飞船
7－飞船支架
8－仪器舱
9－二级氧化剂箱
10－箱间段
11－二级燃烧剂箱
12－二级游动发动机
13－二级主发动机
14－级间段
15－一级氧化剂箱
16－一级燃烧剂箱
17－一级发动机
18－助推器头段
19－助推器氧化剂箱
20－助推器燃烧剂箱
21－稳定尾翼
22－助推器发动机

（2）飞行时序

长征2F 火箭在飞行过程中，箭体结构一节一节地被抛掉，所谓“甩掉包袱、轻装前进”，逐级提高速度，直至把飞船送入轨道。按照飞行时序，火箭芯一级发动机和4 个助推器共8 台发动机点火，火箭起飞，飞行到120 秒，逃逸塔值班任务完成，逃逸塔被抛掉；飞行到136 秒，助推器推进剂消耗完毕，助推器被抛掉；飞行到159 秒，芯一级发动机关机，二级发动机工作，一级箭体被抛掉；飞行到200

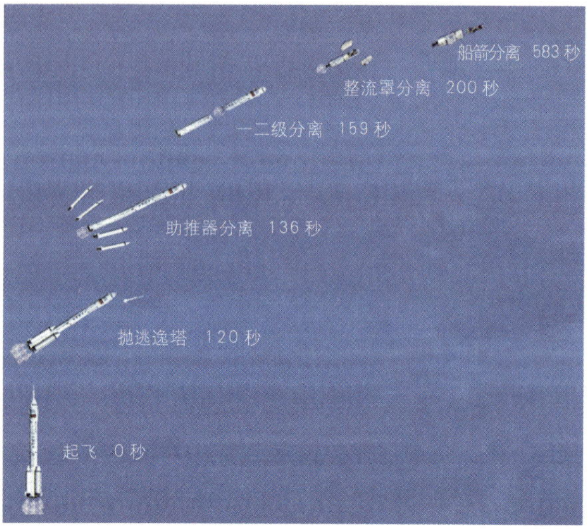

图 4–30 长征2F 火箭飞行时序图

秒，火箭已基本飞出了稠密大气层，火箭前部用来保护飞船、维持气动外形的整流罩也没有用处了，整流罩分离。飞行到460秒，二级主发动机工作完毕关机，4 台游动发动机继续工作至583 秒左右关机，飞船和火箭分离，飞船进入预定轨道。火箭整体飞行时序如图4–30 所示。

（3）箭体结构

运载火箭箭体结构相当于火箭的躯干，将火箭各分系统连成一个有机的整体，为它们提供可靠的工作环境，承受飞行中的各种外力，维持良好的气动外形。运载火箭之所以巨大，是由于它要携带大量的推进剂用于提供加速飞行所需要的能量，运载火箭90% 以上的质量都是推进剂，因此推进剂贮箱非常大。长征2F 火箭发动机采用双组元推进剂，在芯一级、4 个助推器、二级上都有两个贮箱，一个装氧化剂，一个装燃料。两个独立的圆筒形贮箱之间有一个连接段，叫做箱间段。

一级和二级之间连接的部位称为级间段。长征2F 火箭的级间段为壳体开窗结构，这主要是由于长征2F 火箭采用热分离方式，即一、二级分离时，二级发动机先点火，达到预定推力后，一、二级之间的分离面分离，一级箭体在二级发动机火焰的推力下脱离。级间段壳体上开的小窗户主要是为了排出二级发动机工作产生的高温燃气。

火箭助推器上安装的尾翼则是为了使火箭的气动压心靠后，增加火箭飞行的稳定性。

火箭二级前段是仪器舱，控制系统的重要设备安装在仪器舱内。仪器舱上面就是飞船支架，飞船通过它和火箭连接，当火箭飞行达到预定的高度和速度时，安装在支架前端的分离机构工作，解除飞船与火箭的连接，同时火箭上的分离发动机点火工作，使火箭减速，实现飞船与火箭的分离。

长征 2F 火箭的整流罩（图 4－31）和其他长征火箭不同，不仅要用来保护飞船免受火箭高速飞行带来的气动力与气动热的伤害，它还是构成逃逸飞行器的主要结构，要承受很大的逃逸载荷，因此结构设计得很结实。整流罩上端装有逃逸塔，其上的逃逸主发动机提供逃逸救生的动力。

图 4－31　转运中的长征 2F 火箭整流罩

（4）动力装置分系统

长征 2F 火箭使用液体火箭发动机作为动力，动力装置分系统是火箭中重要的分系统之一。动力装置分系统主要由发动机及增压输送子系统两大部分组成。火箭发动机就是一个能量转换器，将推进剂蕴藏的化学能转化为动能，主要利用液体推进剂在燃烧室内混合燃烧产生高温高压的燃气，经过特殊设计的喷管进行加速后以超声速喷出，从而产生很大的推力。推进剂输送子系统主要是向发动机燃烧室输送推进剂，通过涡轮泵将贮箱内的推进剂提高压力后送往燃烧室，推进剂进入燃烧室前的压力高于燃烧室内的压力，以保证推进剂不间断地持续向燃烧室流动。发动机在工作过程中，由于要不断消耗贮箱中的推进剂，因此还要对贮箱进行增压，否则贮箱就会由于推进剂消耗而形成低压，造成结构破坏，这是由增压子系统完成的。图 4－32 为长征 2F 火箭的助推器与一级发动机。

图 4－32　长征 2F 火箭的助推器与一级发动机

（5）控制分系统

控制分系统是运载火箭的大脑，其作用是控制火箭按照预定的程序和轨迹飞行，准确地将飞船送入预定轨道。火箭在实际飞行中，常受到来自运载火箭本身和各种外部环境的影响而偏离预定的飞行状态，控制分系统就是要克服种种干扰，保证火箭的正常飞行。

长征2F运载火箭控制分系统包括制导子系统、姿态控制子系统、时序控制子系统和配电子系统等。制导子系统通过惯性平台、捷联惯性器件组合等惯性器件测量得到火箭当前的加速度、姿态、角速度等，利用箭上计算机计算得到火箭的飞行状态参数，如位置、速度等，计算当前位置、速度与标准飞行轨迹之间的差别，发出导引指令和发动机控制指令，保证火箭沿预定轨迹飞行。姿态控制子系统通过惯性器件测出火箭绕其质心转动的姿态角和角速率，经计算机处理后发出姿态控制信号，控制火箭的飞行姿态。时序控制子系统主要是完成火箭飞行过程中各级发动机的点火、关机、各部段分离、船箭分离等工作。图4-33为长征2F火箭的仪器舱。

图4-33 长征2F火箭的仪器舱

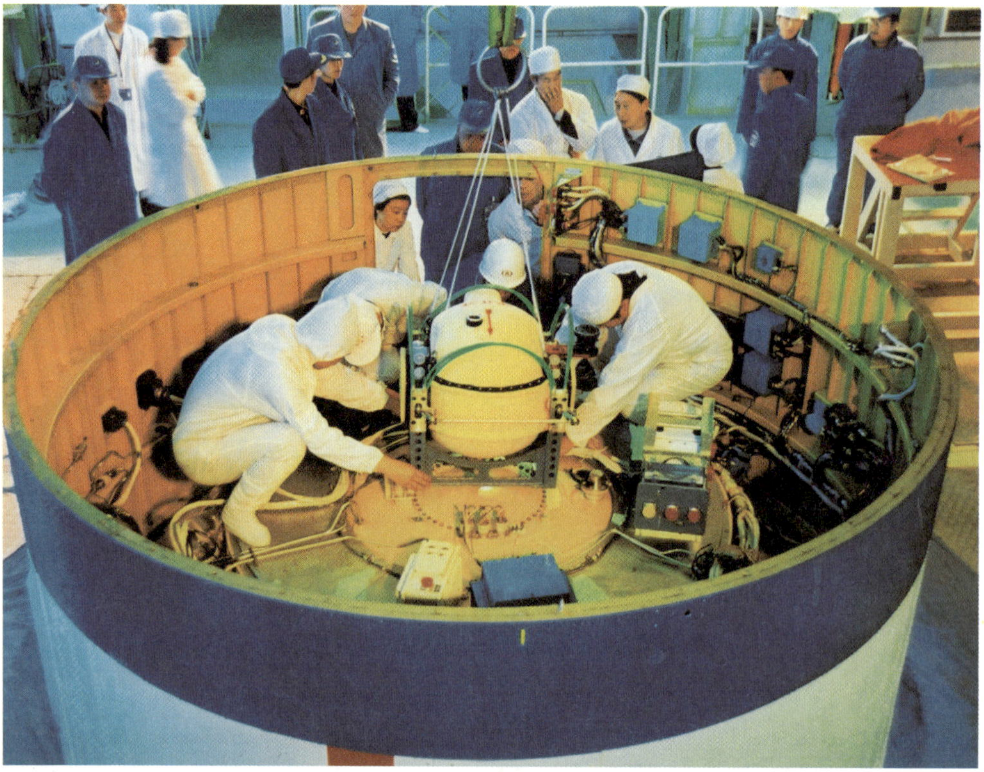

(6) 推进剂利用分系统

长征2F运载火箭是采用双组元推进剂的液体火箭，如果在飞行过程中由于各种偏差的影响，两种推进剂不能按设想的比例同时消耗完，这些剩余的推进剂不但不会产生推进动力，而且成为影响运载能力的“死重”，降低火箭的运载能力。长征2F运载火箭二级上采用了推进剂利用分系统。火箭飞行过程中，贮箱中的推进剂随着发动机工作逐渐减少，贮箱中的液位传感器可以敏感到液位信号，这些液位信号被送往计算机，计算机根据控制方程和预先存储的数据进行计算，通过推进剂输送管路上的调节阀门控制燃烧剂流量，调整发动机实际消耗燃烧剂和氧化剂的混合比，减小由于偏差所造成的推进剂剩余量，从而提高运载能力。长征2F火箭由于采用了推进剂利用分系统，运载能力提高了约700千克。

(7) 故障检测处理分系统

为了在火箭出现严重故障的情况下确保航天员的安全，长征2F火箭增加了故障检测处理分系统和逃逸分系统，故障检测处理分系统负责检测火箭故障并实时作出处理，逃逸分系统负责在出现严重故障时把航天员带离危险区。

故障检测处理分系统相当于火箭的随行监察，时刻对火箭的状态进行监测，火箭出现故障时，要能够实时监测故障、对故障类型及严重程度进行判断，及时发出处理指令，必要时启动逃逸分系统实施逃逸。故障检测处理分系统的工作时间是从火箭发射前30分钟开始，一直工作到上升段火箭与飞船分离为止。

故障检测处理分系统包括故障检测和逃逸控制两部分。

故障检测是指故障检测处理器采集检测火箭的一些重要参数，按照故障判据判断火箭状态，当出现严重故障时，向有关系统发出逃逸指令和中止飞行指令。

逃逸控制是指实施逃逸时，按照不同情况采用不同逃逸模式，完成逃逸飞行器的时序控制、逃逸发动机点火和火工品配电。

故障检测处理分系统主要包括故障检测处理器、指令控制器、逃逸程序控制器、火工品配电器和电池等。故障检测所需要的参数分别由遥测分系统和控制分系统提供，重要参数包括姿态角偏差、箭体角速率、轴向过载、逃逸塔分离信号、助推器分离信号、整流罩纵向分离信号、平台切换信号等。

由于故障检测处理分系统的特殊作用，它必须具备高可靠性，要求没有重大故障不误报，不能无故添乱，而有重大故障不漏报，不能有问题不说；要有相对的独立性，在正常飞行状态下，不影响其他分系统的功能，发生故障时，不受其他分系统和非正常环境条件的影响；还要具有简捷性，系统组成要尽量简单，故障检测处理要迅速、准确。

故障检测处理分系统研制的难点主要在于对故障的可靠判断。要解决这个问题，首先要建立能覆盖火箭所有可能故障的故障模式。利用可靠性失效模式及后果分析方法，确定了对系统功能存在影响的、相对独立的故障模式 300 多种。再根据这些模式归纳出需要检测和处理的故障模式有 10 种。按故障过程发展的快慢区别对待，快速发展的故障可由箭上故障检测处理分系统自动判断处理，发展速度较慢的故障则由地面有人参与的多参数融合的故障检测处理设备来处理。其次，根据故障模式的具体分析结果、相关系统的设计能力和仿真试验的统计结果，确定了故障门限值。最后，在由火箭故障飞行仿真系统、故障检测处理分系统、逃逸仿真系统和遥测分系统部分设备组成的火箭故障半实物仿真系统上，进行了不断的试验和验证。这些大量有效的工作保证了飞行试验的圆满成功。

（8）逃逸分系统

到目前为止，世界上只有俄罗斯、美国和中国拥有载人运载火箭，这些火箭都是通过增加逃逸救生分系统来应对火箭可能出现严重故障，以确保航天员安全。

中国长征 2F 运载火箭采用了逃逸飞行器方案，其主要优点有以下两点。

1）适用范围大。逃逸飞行器方案既适用于待发段火箭竖立在发射塔架时的逃逸救生，又能够在上升段火箭飞行直到抛塔前的逃逸救生。实际上，由于振动、过载、噪声等恶劣环境的影响，在上升段尤其是跨声速段，火箭发生故障的概率较高，故障后果对航天员的生命安全威胁也最大，而此时由于飞行高度较高，已不可能采用弹射座椅方案，因此采用逃逸飞行器是较好的选择。

2）航天员安全性较好。逃逸救生时，航天员在飞船返回舱内，小环境相对较好，受爆炸冲击、热辐射的影响较小。逃逸飞行器能够将航天员带到距离故障火箭较远的地方，尤其是对于发射台逃逸的情况，逃逸飞行器能够拔地而起飞至约1 400米高，水平距离能够达到500米左右，从而远离故障火箭，航天员相对比较安全。

长征2F火箭的逃逸分系统以整流罩为逃逸飞行器的主要外形和传力结构，在整流罩内部设置了支撑机构，逃逸时支撑机构将飞船和整流罩连接成为一个整体（图4–34）。整流罩上面为逃逸塔，包括逃逸主发动机、分离发动机和控制发动机，逃逸塔外形如图4–35所示。整流罩上还安装有高空逃逸发动机和高空分离发动机。为了保证逃逸飞行器的飞行稳定性，在其尾部安装有栅格翼。栅格翼是一种像筛子似的装置，气动效率非常高、质量很轻；火箭正常飞行时，栅格翼紧贴在整流罩上，逃逸时展开并锁定在水平位置（图4–36）。

如果在飞行120秒之前，故障检测

图4–34 组装逃逸飞行器

图4–35 准备吊装逃逸塔

图 4-36 栅格翼和高空逃逸发动机

图 4-37 逃逸飞行器参加零高度逃逸救生飞行试验

处理分系统检测到了故障，发现火箭已不能正常飞行，会立刻发出指令来启动逃逸系统。首先，飞船的返回舱和推进舱之间解锁分离；火箭整流罩内的支撑机构动作，把飞船紧紧抱住，火箭整流罩上下两部分的连接爆炸螺栓爆炸分离，整流罩上部与飞船的轨道舱和返回舱连接成一个整体，和逃逸塔共同组成了逃逸飞行器；整流罩外面的栅格翼展开；故障检测分系统发出逃逸发动机的点火指令，整个逃逸飞行器马上飞离火箭；几乎同时，逃逸塔上的控制发动机也开始工作，使逃逸飞行器一边飞一边转弯，迅速远离危险区。此时无论事故怎么发展，航天员已经在飞船中被逃逸飞行器救走了。逃逸飞行器飞行一段时间后，飞船返回舱和轨道舱也解锁，逃逸塔上的分离发动机点火工作，把返回舱从整流罩中分离出来。之后，返回舱就按照救生模式向地面降落，开启降落伞，着陆时缓冲发动机工作，平稳落地，航天员的生命得到了挽救。图 4-37 为逃逸飞行器参加零高度逃逸救生飞行试验情况。

如果火箭故障出现在飞行 120 秒之后，逃逸塔已经被抛掉了，如何保证航天员的安全呢？整流罩外面安装有高空逃逸发动机，启动高空逃逸发动机同样可以实施逃逸，将航天员连同飞船返回舱和轨道舱带离危险区。抛整流罩之后，火箭若出现故障，航天员的救生主要是依靠飞船和运载火箭的应急分离，通过飞船自己的动力装置远离危险区，返回地面或加速进入轨道运行，保障航天员安全。

由于长征2F火箭设计了故障检测处理分系统和逃逸分系统，需要研究一系列新技术，如故障模式分析，实时诊断技术，逃逸飞行器总体布局和气动研究，逃逸塔所需要的能瞬间提供巨大能量的前置喷管固体发动机，飞船和逃逸飞行器之间的连接等。经过艰苦的努力，这些项目都得到了很好的实施，为确保航天员安全奠定了坚实的基础。

（9）遥测和外测安全分系统

遥测分系统的功能是测量运载火箭飞行中各分系统的工作参数及环境参数，通过运载火箭上的无线电发射机将这些参数送回地面，由地面接收机接收。这些测量参数对评定各分系统工作状态、分析故障都非常有用，也可用来为改进火箭的设计提供依据。长征2F火箭的遥测分系统还有一个功能是为故障检测处理分系统提供姿态角、过载、加速度信号等参数，这就要求遥测分系统要可靠工作，决不能提供错误数据，造成故障检测处理分系统的错误判断，影响飞行任务。

外测安全分系统有两个功能：一是外弹道测量功能，即对火箭飞行轨迹的测量，利用地面的光学和无线电设备与装在运载火箭上的应答机等一起对运载火箭的飞行轨迹进行跟踪测量；二是安全控制功能，当运载火箭在飞行中出现故障而不能继续飞行时，将火箭在空中炸毁，以免火箭坠落在人口密集的区域，造成灾难性的危害。长征2F火箭外测安全分系统相比其他火箭还增加了一项任务，即接收地面发出的逃逸指令，转发给故障检测处理分系统。当火箭出现故障时，要保证先逃逸、后实施安全控制（炸毁火箭），即接收到地面发出的或故障检测处理分系统给出的逃逸指令后，保证飞船飞离一定距离并相对安全后，再发出安全控制指令，引爆火箭。

7. 千里之行始发地
—— 发射场系统

（1）载人航天发射场的任务和作用

根据总体技术方案，中国载人航天发射场系统主要由技术区、发射区、试验指挥区、试验协作区、航天员区和测试发射指挥监控、航天员应急救生指挥保障、加注供气、技术勤务等分系统组成。

概括起来讲，载人航天发射场主要有以下四个方面的任务和作用。

一是为运载火箭、飞船、有效载荷以及航天员系统的装船设备提供检查、测试、加注、充气与发射的设施设备和保障条件，实施运载火箭的加注及发射；

二是为航天员提供发射前训练、生活、医监医保和锻炼的特殊设施和工作条件；

三是为测试发射提供气象、计量、运输等勤务保障；

四是实施待发段航天员紧急撤离和逃逸救生的判决、指挥和控制，并提供相应的保障条件。

（2）中国载人航天发射场场址的选择

发射场的任务确定以后，首先要进行的就是发射场场址的选择。

中国酒泉卫星发射中心始建于1958年，位于内蒙古自治区额济纳旗境内，地理位置在北纬41度、东经100度，占地面积约2 800平方千米，是中国建设最早、规模最大的航天发射场。中心北部为居延海盆地，东部和东南部紧接巴丹吉林沙漠，西临马宗山山脉，南靠甘肃酒泉地区，平均海拔1 000米，地势由南向北倾斜，弱水河由南向北纵穿，地下水源丰富。20世纪五六十年代，这里是平沙万里绝人烟的地方，经过几代航天人的努力，已经旧貌换新颜，成为一个现代化的航天城，被称为西部戈壁的璀璨明珠（图4－38）。作为载人航天发射场场址，它具有以下几方面的有利条件：一是测量控制、通信、气象保障、交通运输以及生活等基础设施配套完善，具有良好的载人航天发射物质、技术基础；二是幅员广阔，地势平坦、视野开阔，多属戈壁沙漠，对发射前后异常情况下航天员的应急救生和搜索救援较为有利；三是可以充分利用国内已形成的陆上航天测控网，保证上升段100%的跟踪测控；四是周边为戈壁滩，火箭飞行经过的航区内人烟稀少，火箭残骸坠落不会造成大的危害，航区安全性好；五是气象条件好，干燥少雨，雷电日少，全年满足发射条件的发射日达300天以上。

最终，经过对酒泉、太原、西昌三个发射中心进行严谨、科学、客观的比较、分析和论证，确定在酒泉卫星发射中心新建中国载人航天发射场。

图4—38 酒泉卫星发射中心的载人航天发射场全貌

（3）测试发射流程

测试发射流程是指航天器从进入发射场至发射升空之前这段时间内，有关各系统的工作项目及先后次序，物流方向及技术状态，工作项目实施场所及宏观时间安排等内容的总体技术方案。

在充分调研、综合论证的基础上，中国载人飞船的测试发射决定采取新的技术途径，建立具有中国特色的“三垂”测试发射工艺流程新模式，即垂直总装、垂直测试、垂直运输。

中国的“三垂”测试发射工艺流程具有以下特点。

1）无论飞船还是运载火箭，在技术区的工作包括总装、对接、测试、转运，以及从技术区转往发射区，均在垂直状态下进行，直至加注发射。这样，最大限度地保证了产品测试和发射准备状态与发射状态的一致性，有利于提高产品测试发射的可靠性。

2）强化技术区工作，简化发射区工作，将各系统发射前的技术准备工作最大限度地安排在技术区完成。因为技术区的环境条件较好，可以保证总装、对接及测试检查的质量，减少恶劣气候的影响，减少重复测试，提高了测试发射的效率和可靠性；同时又缩短了发射工位的占位时间，有利于提高连续发射的能力；简化发射区设施，还能将可能造成的灾难性损失降低到最低限度。

3）在发射前安排人－船－箭－地联合检查，全面模拟发射准备、发射及飞行过程中的各种技术状态和工作过程，全面考核各系统之间接口的匹配性和工作的协调性，确保发射获得圆

知识链接

人、船、箭、地联合检查

人、船、箭、地联合检查是有航天员、载人飞船、运载火箭、发射场和测控通信系统参加的综合性检查，是载人飞船发射前进行的重要检查项目。通过这个检查，可以全面考核各系统之间接口的匹配性和工作协调性。

满成功。

4）技术区转往发射区采用垂直整体转运方式（图4−39）。活动发射平台承载船箭组合体，由变频电源车驱动，沿转运轨道行驶。活动发射平台上无脐带塔、无前置设备、不带电源，采取加强运载火箭、活动发射平台和钢轨路基的刚度、强度设计，错开固有振动频率，安装防风拉杆、吸振器，合理设计技术区与发射区的距离，以及选择合适的风速、车速等一系列措施，既保证垂直整体运输的安全，又使得转运简捷、可靠。

图4−39 船箭组合体垂直整体转运

（4）远距离测试发射控制方案

确定了测试发射工艺流程后，接下来要做的是确定测试发射控制方案。所谓测试发射控制方案，是指航天器、运载火箭等在发射场进行技术准备和发射时，地面设备对其进行综合测试和发射过程控制所采取的方案。

按照发射时地面测试发射控制设备与航天器、运载火箭的距离远近，可以分为近距离测试发射控制方案和远距离测试发射控制方案两类。远距离测试发射控制方案无论在测试发射效率方面，还是在测试发射的可靠性、安全性方面，都较近距离测试发射控制方案更为先进。

中国载人飞船发射采用的远距离测试发射控制方案具有以下主要特点。

1）在远离发射台的技术区设置测试发射控制中心，对飞船和运载火箭实施远距离测试发射控制。

2）测试发射控制中心采用一点多工位的控制方案：一套主控设备兼顾技术区和发射区飞船及运载火箭的测试和发射控制。主控设备采用以计算机为核心的先进VXI总线测试技术。这样，既减少了设备数量，降低了成本，又提高了测试发射的可靠性和自动化水平。

3）飞船的测试发射控制采用无线为主、有线为辅，运载火箭的测试发射控制采用有线为主、无线为辅；飞船、运载火箭的有线信息传输均采用光纤为主、电缆为辅的方案。

4）发射勤务设施采用远距离控制方案，运载火箭推进剂加注、消防、电缆摆杆、瞄准等设施均采用计算机网络控制，同时由发射场测试发射指挥监控系统进行监测监控。

5）在采用计算机自动控制为主的同时，设置手动控制系统作为备份，进一步提高测试发射的可靠性。

（5）技术区主要设施及系统

1）垂直总装测试厂房。垂直总装测试厂房（图4－40）是载人航天发射场的重要设施，也是“三垂”模式的标志性建筑物。运载火箭的总装及测试，飞船－整流罩组合体与火箭的对接，船箭组合体转往发射区前的准备工作，都是在垂直总装测试厂房内进行的。厂房总面积3万多平方米，总高约100米，拥有两个总装测试大厅和两个起竖厅，具有同时测试一枚、装配一枚火箭或两枚火箭串行测试的能力。厂房内配备有供电、供气、接地、空调、消防、给排水、通信及吊装等设备。

2）飞船及有效载荷总装测试厂房。飞船及有效载荷总装测试厂房是技术区内的第二大建筑物，主要功能是完成飞船的总装、测试，以及航天员系统和空间应用系统产品的测试及装船工作。厂房总建筑面积1万多平方米，配备有供电、供气、空调、消防、吊装等设备。

图4–40 垂直总装测试厂房

3）测试发射控制楼。测试发射控制楼是测试发射活动的指挥控制中心，火箭点火指令就是从这里发出的。配备有各系统综

合测试发射控制设备，以及发射场测试发射指挥监控分系统、待发段航天员应急救生指挥保障分系统等，主要完成对飞船、火箭和发射场设施设备的远距离测试和发射控制，对待发段航天员应急救生进行决策、指挥和控制，向北京航天飞行控制中心传送测试发射信息并接收指令等。

（6）发射区主要设施及系统

1）脐带塔。脐带塔是发射区的标志性建筑，承载着航天员和飞船的运载火箭就是在它的怀抱里点火发射，踏上飞天之路的。脐带塔的主要任务有：在发射前为飞船和火箭与地面设备联系的电、气、液管线提供通道或支撑；为人员、器材提供上下通道和工作平台；发射时控制电缆摆杆收回；发射后进行消防、清洗；为航天员提供登舱通道和紧急撤离滑道等。图4－41为晨曦中的脐带塔。

图4—41 晨曦中的脐带塔

2）紧急撤离滑道及航天员安全掩蔽室。当飞船发射前出现危急情况时，为保证航天员的安全，可以选择紧急撤离的方式迅速远离危险区。紧急撤离滑道及航天员安全掩蔽室就是为此而设计的。

紧急撤离滑道由外部的钢套管和内部的弹性救生袋两大部

图4-42 紧急撤离滑道入口(左)

图4-43 航天员紧急撤离演练(右)

分组成，钢套管装于脐带塔固定平台后方，直径1.2米，由塔上直通地下配气间，地下配气间与航天员安全掩蔽室相通。弹性救生袋悬挂在钢套管内，在塔上共有三处入口，分别供处于不同位置的航天员及工作人员使用（图4-42，图4-43）。

航天员安全掩蔽室是地下构筑物，离地面大约5米，共有两间避难室，通过地下电缆通廊分别与地下配气间和技术区连通。在电缆通廊内设置了防爆门和密封门，防止爆炸冲击波和有害气体进入掩蔽室。掩蔽室内贮存的氧气能够维持30人生存4小时，同时配备有必要的应急设备。另外，在掩蔽室附近的房间里设有爬梯，万一掩蔽室出现结构破坏或氧气不足时，可以通过爬梯撤离到地面。

8. 天罗地网无形手
——测控通信系统

(1) 测控通信系统的任务

中国载人航天工程的测控通信系统负责火箭和飞船的测控、通信以及通信网络运行。

对火箭和飞船的测控是指对火箭和飞船的跟踪、测轨、遥测和遥控的总称。它包括对火箭和飞船的跟踪观测和轨道测量，以便确定火箭和飞船的轨道，为预报未来的轨道提供依据；获得火箭和飞船内部工程参数，以了解火箭和飞船分系统或部件的工作状态；对火箭和飞船进行指令控制，使火箭和飞船按任务需要工作和飞行。

对火箭和飞船的通信是指火箭和飞船与地面之间的信息交流，包括获取火箭助推器分离的图像、火箭级间分离的图像、飞船舱内外图像、航天员工作和生活图像、航天员与地面通话以及其他形式的信息交流。

（2）测控通信系统的组成

测控通信系统由航天指挥控制中心（包括北京航天飞行控制中心、西安卫星测控中心、酒泉卫星发射中心）、测控站（包括发射首区各光学测量站、渭南站、青岛站、厦门站、喀什站、和田站、卡拉奇站、马林迪站、纳米比亚站、圣地亚哥站等）和远望号测量船（如参加神舟7号飞行任务的5艘测量船为远望1号、2号、3号、5号和6号，图4-44），以及通信网络等组成。

通信网络由应用网络和备用网络组成，它们覆盖了整个中国和世界三大洋，采用VSAT和IBS/IDR体制卫星通信系统、SDH和PDH光纤传输、国防通信网、国际卫星通信系统及国际

图4-44 远望号测量船

租用电路等多种传输手段，组成以北京卫星地球站、酒泉卫星地球站、西安卫星地球站为枢纽节点，北京航天飞行控制中心、酒泉卫星发射中心、西安卫星测控中心为骨干节点，其他各测控站及测量船为用户节点的网状通信网络，提供了高速度、多方向、多业务、高质量的传输通道。

（3）测控通信系统的特点

1）采用S频段统一载波的测控通信系统(USB)。统一载波测控体制是对载波及其副载波进行角调制来实现各个测控项目(遥测、遥控、单站定位获得的雷达测距测角定位等）信号的传输和测量。其主要特点是副载波采用频分复用技术，多个副载波复用信号再调制一个统一的载波，共用一套收发设备和跟踪系统，减少了火箭和飞船上电子设备的体积、质量和功耗，节省了频率资源。

20世纪90年代，中国开始采用S频段统一载波测控系统，并将其用于载人航天和其他卫星测控任务。由于国际上许多国家采用S频段统一载波的测控系统，所以中国载人航天工程采用这一系统后便于与国外测控站联网，可以租用国外测控站对中国的飞船进行测控。

图4-45 中国天链1号中继卫星于2008年升空

2）建立地面站和测量船组成的测控通信系统。载人航天测控系统的通信以无线电传播为基础，而微波信号又是直线传播，不能拐弯。由于地球表面曲率的影响，仅在陆地上建测控站不可能实现对飞船的全过程观测，所以，需要在海洋建立活动测控站或在太空建立跟踪与数据中继卫星传输系统。中国组建了远望号航天测量船队，并

于2008年发射并首次应用了数据中继卫星传输技术(图4－45)。

(4) 北京航天飞行控制中心

北京航天飞行控制中心（以下简称北京中心）座落在北京西北郊的航天城内。北京中心是中国载人航天工程进行飞行试验和执行飞行任务的中枢，组织全网进行信息联调，接收发射信息和实况电视，实时接收、存储、处理、显示、分析外测和遥测信息，确定航天器飞行轨道和姿态，计算轨道机动、姿态调整、交会对接、分离、返回等控制参数，预示航天飞行过程中各类关键事件，实时监视航天器、航天员和有效载荷的状况，实现与航天员的通信，协调航天员的工作，及时发现异常故障现象并研究制定故障处置方案，根据各种需求形成控制参数，通过上行遥控和数据注入对载人飞船、航天员和有效载荷进行控制。图4－46为北京中心的指挥控制大厅。

图4－46 北京航天飞行控制中心的指挥控制大厅

北京中心由中心计算机系统、通信系统和监控显示系统等组成。

中心计算机系统由数据接口系统、前端通信系统、计算机群、监控显示系统、应用软件系统等组成，是载人航天测控网的神经中枢。数据接口系统将卫通站传来的USB等信息进行分类、加工、选路和分路后，发送给前端通信系统。前端通信系统完成接收信息的预处理，实现链路层和物理层的管理和控制。计算机群由多台大型计算机通过高速数据网连接成分布式处理网络。监控显示系统设在北京中心指挥控制大厅，有公共显示和专业显示两个部分，主要监视载人飞船、航天员及有效载荷的状况，处理和显示有决策意义的信息、电视系统提供的图像信息、上行控制信息等。应用软件系统主要包括多任务遥测保障、外测保障、飞行计划与指令生成以及监控显示、收发讯和系统调度与控制。

通信系统由卫通网、本地网、指挥调度、电视系统、程控交换、分组交换、数据传输、通信网管、天地通信监控中心、时统等组成。卫通网既有载人航天数据专用网，也有国际通用网，为北京中心服务的通信天线都在13米以上；本地网由光纤传输系统组成；指挥调度系统主要由调度系统、电报交换系统和电话交换系统组成，完成载人航天飞行任务首区、上升段、在轨运行段、返回着陆段、应急救生等全过程的指挥通信任务；通信网管对北京地区通信网络进行统一管理；天地通信监控中心负责天上飞船系统与地面的通信传输，有USB、超短波、数据中继卫星、海事等信道途径。

9. 巡天归来保平安
——着陆场系统

(1) 着陆场系统的任务和组成

着陆场系统负责飞船返回舱的返回测量、返回舱的搜索和航天员的救援。着陆场系统既要考虑飞船正常情况下的返回，又要应对各种异常情况下的返回。针对上述各种返回情况，着陆场系统进行了着陆场选择，设计了各种应急处置方案，确保飞船返回舱在任何情况下返回着陆后的搜索及航天员的救援。

着陆场系统由五个分系统组成：主副着陆场分系统、陆上应急搜救分系统（包括上升段陆上应急搜救、运行段国内应急搜救和必要时国外陆上应急搜救）、上升段海上应急搜救分系统、通信分系统、航天员医监医保分系统。其中主副着陆场分系统、陆上应急搜救分系统和上升段海上应急搜救分系统是执行任务的主要组成部分，而通信分系统和航天员医监医保分系统是上述三个分系统执行任务时的保障部分。

（2）着陆场的选择

着陆场的选择是十分复杂的，它不仅涉及众多技术问题，而且会涉及许多社会问题，不仅与航天员安全、发射场位置、运行轨道倾角和高度、返回制动点位置、返回舱返回轨道、返回舱着陆方式、飞船科学实验与应用、国内外测控通信网布局等有关，而且也与中国经度纬度覆盖范围、大陆地形地貌、平原与山川分布、海洋与国界分布、社会交通、人文、气象、陆上着陆与海上溅落的搜救、海军空军陆航能力等密切相关。

选择着陆场首先遇到的问题是要确定是在陆地上着陆还是在海上溅落。苏联／俄罗斯的飞船是选择在陆地上着陆，而美国是选择在海上溅落。在海上溅落比较灵活，高、低轨道倾角都可适应，正常和应急情况都可实现；但航天员在海上出舱时容易受到海浪冲击，返回舱在高海况下容易进水，长时间漂浮有问题；海况复杂，搜救时间长，打捞作业困难；飞机救援受限，海上回收风险大、困难多，特别是在载人航天初期，对航天员的安全是不利的。通过分析、论证和比较，我国放弃了在海上溅落返回的设想。

中国载人航天着陆场的选择是从1992年3月到1996年10月期间进行的。通过对42°纬度线附近的内蒙古中部四子王旗地区、河套鄂尔多斯地区、内蒙古西部发射场东风地区和内蒙古东部通辽地区的多次勘查，对其地形、地貌进行了解、分析和比较，

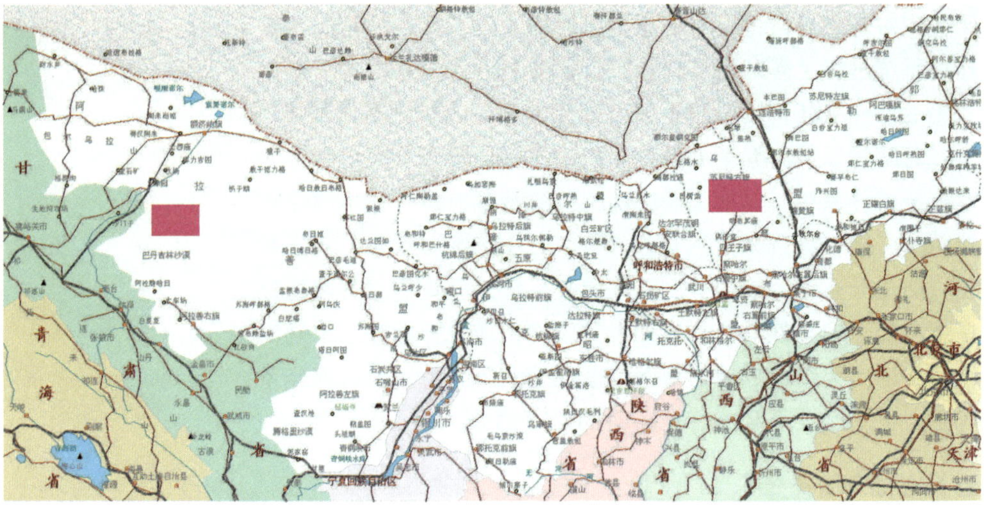

图4–47 中国载人航天着陆场位置示意图（图中右面的红色方块为主着陆场，左面的红色方块为副着陆场）

最终选择内蒙古中部四子王旗以北的阿木古郎地区作为主着陆场。考虑到气象相关性小、地势平坦开阔、返回机会多、测控设备可充分利用等因素，选择酒泉卫星发射中心东南部地区为副着陆场。中国载人航天着陆场位置如图4－47 所示。

(3) 着陆场概况

主着陆场位于内蒙古乌兰察布盟的阴山山脉大青山北麓，穿过赛汉塔拉的集宁—二连浩特铁路线以西，四子王旗旗府以北，国境线以南地区，地势南高北低并逐渐向西北倾斜，海拔1 000～1 200 米，平坦开阔，属沙质草原。场区东西长约370 千米，南北宽约230 千米，根据任务需要，从中可以选出几块区域作为着陆区。区内有几条时令河，湖泊小而少，平时几乎无水。该区属中温带大陆性气候，干燥、少雨、多风，昼夜温差大。这种地势地貌十分适合作为着陆场（图4－48，图4－49）。

副着陆场位于内蒙古阿拉善盟额济纳旗的中南部地区，即弱水河以东，额济纳旗旗府以南，场区的南部是巴丹吉林沙漠的一条小沙带，东部渐渐进入巴丹吉林沙漠，其理论瞄准点位于载人航天发射场的东南方向。场区东西平均宽约120 千米，南北长约190 千米，从中可以选出几块区域作为着陆区。该地区属温带干旱荒漠气候，冬季干冷，夏季炎热、少雨、多风。该

图 4－48 主着陆场景色——戈壁地带（左）

图 4－49 主着陆场景色——草原地带（右）

区域恰好处在升轨返回主着陆场的途中，如果主着陆场的气象条件不好，可选择落在副着陆场。

（4）上升段应急救生

载人飞船飞行要经过上升段、运行段和返回段。

上升段飞行期间，飞船随时要做好逃逸和应急救生准备，如果发生逃逸或应急救生，飞船返回舱可能落在陆地上，也可能落在海上，故着陆场系统要考虑陆上和海上的应急救生问题。

1）上升段陆上应急救生。载人飞船发射时，从发射场到海边，火箭的地面航迹共 1 860 千米，考虑到地形、地貌、行政区划分、直升机航程限制等因素，从首次发射试验到第 6 次飞行任务，上升段陆上共划分了四个应急救生区，即东风、银川、榆林、邯郸，分别负责长度 300 千米、400 千米、430 千米和 730 千米，宽度 ± 50 千米的区域。酒泉发射场也是副着陆场所在区域，故布置了 4 架直升机，其他三个救生点各布置 2 架直升机（搜索直升机和救护直升机），一旦出现应急情况，飞船落在哪个区，哪个救生点的直升机先起飞进行搜索营救。其他搜救力量视情况前往增援。

随着飞行任务次数的增多，火箭可靠性的提高，工程经验的增加，开始简化陆上搜救力量，即将四个救生区划分为三个，负责区域的长度分别是 500 千米、630 千米和 730 千米。

2）上升段海上应急救生。载人飞船发射时，当火箭飞行到 351 秒以后，如果发生意外致使飞船应急返回，飞船返回舱则会落在海上。如果让飞船自由下落，在海上的下落范围将是 5 000

多千米，即从连云港北部海面一直到赤道附近。要在这么大的范围内实施全程搜救是极其困难的，但是飞船上有变轨发动机和足够的推进剂，可以用来使飞船离开故障火箭后再加速或减速，从而落到特定海域。考虑到飞船的实际能力，结合航天员可承受的过载能力，研究人员设计了三个海上救生区，即 A 区、B 区、C 区，长度分别是955 千米、800 千米、360 千米。从神舟 1 号到神舟 6 号任务，A、B、C 三区分别布设 3 艘、2 艘和 1 艘救捞船，这样，在一天时间里便可完成落在上述海域的返回舱的搜救任务。

飞船返回舱除了安装有信标机外，在它的大底还装有海水染色剂，返回舱落在海上后会自动释放，将海水染成绿色，随着海洋的流动，会让远处的船只或天上的飞机发现。返回舱的整体浮力比自身质量大得多，故落在海上时不会下沉。由于防热大底沉重，故返回舱落在海上时基本上直立，舱门朝天，便于营救航天员。为了在舱门打开之前即可以获取空气，在飞船上设计了通气阀，着陆或在海上溅落后会打开，以使航天员在舱门没有打开时也能够呼吸大气中的氧气。图 4−50 为神舟号飞船返回舱进行海上应急救生试验。

随着中国救捞技术的提高，从神舟 7 号任务开始，每个海上救生区只设置一艘救捞船，仍能确保任务完成。

(5) 运行段应急救生

工程总体要求载人飞船的每圈轨道都有至少一个应急救生着陆区，从而尽量减少航天员不可返回的时间间隔。运行段应急救生区选择的原则一般是：优先考虑国内，再考虑国外；一般考虑陆上，尽量不落海上。从这个原则出发，飞船系统与着陆场系统共找出了十几个区域，三个在国内，分别是中国北部一线、华中华南、四川盆地，其他在国外，分别分布在澳大利亚、美国、南美、北非、中东等地区。

国外应急搜救工作主要按照国际航天救援条约，依靠国际救援组织进行。

图4-50 神舟号飞船返回舱进行海上应急救生试验

(6）飞船返回的测控及搜救

1）返回的测控。飞船完成运行段任务后，在南非开普敦以西大西洋上空进行水平方向调姿90°，轨道舱和返回舱分离，从此轨道舱成为一颗独立飞行的卫星。返回舱和推进舱继续调姿90°，使推进舱制动发动机冲着运动的前方，然后在俯仰方向调姿一个小角度，点火制动。调姿制动段的测控由布置在大西洋的远望号测量船负责，随后由国外纳米比亚站接力进行跟踪测控。返回舱飞至肯尼亚上空时，马林迪站对其进行轨道测量。返回舱飞至巴基斯坦上空时，卡拉奇站进行测量，同时对145千米高度处推进舱和返回舱的分离进行监控。返回舱飞至中国上空时，由和田站进行跟踪，直至跟到进入稠密大气层，大约能跟踪到80千米高度，此后返回舱进入黑障区。

如果返回主着陆场，安西、白云鄂博的两部前置雷达站通过反射方式对黑障内的返回舱进行测量，判断返回舱是升力控制返回，还是改为弹道式返回；安西雷达设置多目标状态，以区别返回舱和推进舱；白云鄂博雷达设置多目标状态，用于同时跟踪返回舱、伞舱盖、减速伞、直升机等。图4－51所示为活动式前置雷达站。

返回舱在约40千米高度时出黑障区，内蒙古大庙的测量站

图4－51 活动式前置雷达站

接力进行跟踪测控，接收返回舱的工程遥测参数，发送有关遥控指令，直至跟踪到返回舱开伞、着陆。通过超短波天地通信设备接收航天员关键遥测参数，并与航天员进行通话。同时，沃力格图的主场光学测量设备用红外摄影机拍摄黑障区内的返回舱返回航迹，返回舱出黑障后，可以用红外和可见光摄像机拍摄返回舱开伞下降过程。如果返回副着陆场，安西雷达站对黑障区内的返回舱进行测量，判断返回舱返回方式。返回舱出黑障后，由发射场USB测量站进行跟踪测控，直至返回舱开伞、着陆。图4–52所示为活动式测量站。

图4–52　活动式测量站

2）搜索营救。着陆场设置搜救指挥所，下设空中和地面两个分队，采用“空中分队负责搜救航天员，地面分队负责处置返回舱”的工作模式进行搜索营救。

图4–53　神舟1号飞船返回舱搜救现场

空中分队负责返回舱搜索和航天员救援。返回舱出黑障前，直升机在指定空域待命。空运机动搜救队的一架搜索飞机携带伞兵在指定空域飞行待命，主要负责返回舱返回散布范围大时的搜索。返回舱出黑障后，直升机根据搜救指挥所给出的返回舱着陆点预报，利用机载定向仪搜索返回舱，利用超短波通信设备与航

图4–54　地面搜救特种车辆

天员通话（图4－53）。返回舱抛防热大底后，直升机按照定向仪指示接近返回舱，确认发现目标后立即报告并降落至返回着陆现场。如返回舱落入危险地段，直升机需将返回舱吊至易于操作的地方，按预定程序开展现场前期处置，同时引导地面车辆向着陆点前进（图4－54）。航天员可以用卫星手机与北京搜救指挥室通话。

地面分队负责现场返回舱的后续处置和回收。地面车辆根据搜救指挥所和直升机的引导信息前往现场，按预定程序进行现场相关处置，将返回舱和有效载荷运至附近火车站，经铁路转运北京。

医监医保医疗救护人员在随直升机搜索时便注意收听北京中心医监专家对航天员健康情况的通报，以便预作准备；可以通过超短波通信设备与航天员直接通话；到达现场后展开医监医保和医疗救护设备；打开舱门后，医监医保人员观察和询问航天员情况，决定航天员出舱方式。正常情况下航天员在舱内适应地面重力环境后即可自主出舱，然后进入直升机进行更衣、消毒、微生物采样，实施医学检查、体液标本采集和生理数据收集等。在航天员受伤情况下，医监医保人员进舱，根据情况实施初步医学处理，通过有效方式将航天员移出舱外，在搜索救护直升机上由医疗救护人员实施急救，然后用直升机马上送后方支援医院。图4－55所示为神舟号返回舱处置现场。

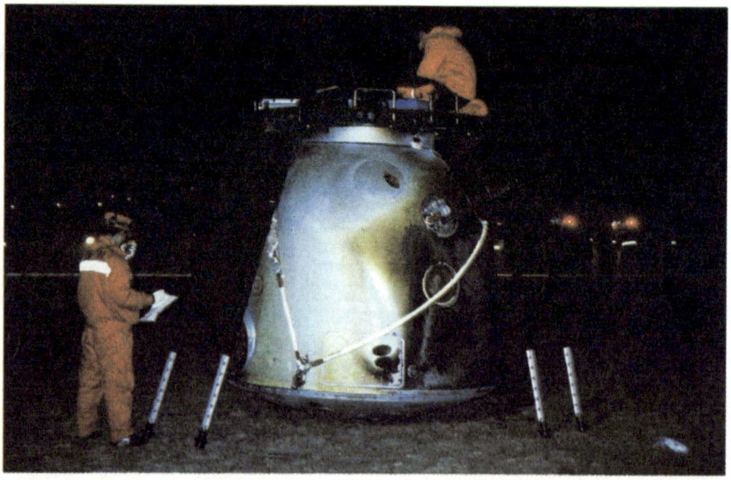

图4－55 神舟6号返回舱处置现场

第五章

天地纵横显神威

—— 中国载人航天飞行任务的完整过程

中国载人航天飞行任务过程，是指飞船、火箭、乘员装备、有效载荷等飞行产品从出厂放行、进入发射场到飞船完成飞行任务，返回舱安全返回地面，航天员健康出舱的全过程。

中国载人航天飞行任务过程，是指飞船、火箭、乘员装备、有效载荷等飞行产品从出厂放行、进入发射场到飞船完成飞行任务，返回舱安全返回地面，航天员健康出舱的全过程。一般分为以下几个阶段：飞船、火箭等飞行产品通过放行评审运输至发射场（进场）；技术区（测试、总装）；转场（飞船、火箭、逃逸塔联合体垂直转运至发射区）；发射区（火箭加注，发射流程）；上升段（火箭点火起飞到飞船进入设计运行轨道）；运行段（飞船在预定轨道运行）；返回着陆段（飞船制动返回到降落预定区域）；搜索回收段（地面搜索返回舱迎接航天员）。

中国载人航天飞行任务的目标是：成功发射，正常运行，安全返回，航天员健康出舱。

1. 船箭挺进发射场
—— 船箭产品运至发射场

根据载人航天工程总体设计，我国的载人飞船从酒泉卫星发射中心用长征 2F 运载火箭发射升空。飞船、火箭通过出厂评审后，便可按照飞行任务的进度要求转往发射场。飞船进场时间一般为发射前 3 个月左右，火箭一般为 2 个月。神舟 1 号飞船是由专列运往发射场的，自神舟 2 号后，则是由飞机将 3 个组装完整并通过各种检测的舱段空运进场的，从而减少在发射场组装、检测的时间，保证飞船技术指标的稳定。运载火箭、逃逸塔和整流罩则是通过两列专列运输进场的。空间应用系统的船载设备通过出厂审查和飞船系统验收后，装船随同飞船进行各种测试，测试通过后，随同飞船一起运往发射场（图 5－1）。

图 5–1 神舟 7 号飞船运抵酒泉卫星发射中心，在机场进行卸运

飞船运抵酒泉机场后，再通过陆路转运至发射场（图 5–2）。转

运时，装载有3个舱段的接运车队以20千米/小时的速度缓缓前行。车队的行进速度由车队前的标杆车控制，其装备的红外测温仪可随时测量出车辆、驾驶室和仪表设备温度，一旦发现问题时可及时向后方车辆发出预警信号。运输车上都配备了灭火设备，以防万一。经过小心翼翼的长途运输，飞船运抵载人航天发射场的测试厂房。

图5-2 神舟7号飞船进行公路转运

进入发射场后，船、箭在发射场的工作主要分为两大阶段：技术区测试、总装和发射区加注、发射，这两个阶段的工作都要在载人航天飞行任务测试发射流程的统一协调下进行。中国载人航天飞行任务测试发射流程以飞船为主线，火箭等其他系统为辅线，规定了飞船、火箭在发射场的主要工作内容和时间安排节点。

图5-3 飞船转运

技术区的工作分为四个阶段。第一阶段为飞船、火箭、有效载荷等产品安装恢复、状态设置、性能测试、模拟飞行。第二阶段为有航天员参加的飞船－火箭－地面控制联合检查。在这个阶段，飞船要安装整流罩并与火箭进行第一次对接，进行全系统模拟飞行，考核载人航天飞行程序和地面控制的正确性，飞船和火箭都不加注推进剂。第三阶段为飞船加注推进剂、安装整流罩。第四阶段为飞船与火箭第二次对接，在对接后做好飞船火箭联合体垂直转运到发射塔架的准备。详细过程如下：

飞船首先运至飞船专用测试厂房，先进行分舱检测、舱段

图 5-4 船箭对接

准备，然后对三个舱段进行垂直总装、整船检漏，经过一系列分系统以及人、船综合测试后，扣上整流罩，垂直转运至垂直总装测试厂房（图 5-3）。

逃逸塔在其总装测试厂房完成水平状态下各项测试，经质量评审合格后，便等待与飞船和火箭对接。

火箭先进行测试状态准备，之后进行垂直总装，然后对各分系统进行测试并对火箭进行总检查。对于无人飞行试验，船、箭对接后，进行船箭功能检查和接口检查、联合检查等工作；对于载人飞行，船箭对接后要进行人、船、箭、地联合检查。

完成第一次船箭对接后的联合检查后，将船罩组合体运回飞船加注与整流罩装配厂房，分解整流罩，飞船加注推进剂。飞船加注后再次扣上整流罩，运往垂直总装测试厂房与火箭和逃逸塔进行船、箭、塔对接（图 5-4）。各项检查完毕后，做好撤收工作，活动发射平台作好垂直转运准备，待机将组装完成的船箭组合体转运到发射工位，通常称为转场。

转场的工作主要由活动发射平台来完成（图 5-5）。在转运过程中，用防风拉杆将火箭与活动发射平台紧紧连接在一起，

图 5-5 垂直转场

在牵引车的牵引下，以最大不超过28米/分钟的速度沿着无缝轨道缓缓驶向发射区。由于船箭组合体垂直运输状态连同活动发射平台高达近70米，因而对转运期间的气象条件有严格的要求，一般要求风速不能超过10米/秒；不能有雷电、大雨等恶劣天气；运动过程中不能产生振动和晃动。需要一个多小时的运行，船箭组合体连同活动发射平台才能被转到发射工位，活动发射平台能够自动对中定位并锁定。之后脐带塔各层工作平台合拢，连接各种电缆和加注管路，为火箭加注推进剂、飞船和火箭发射前测试和实施发射做好准备。

2. 登天之前细准备
—— 飞船与火箭在发射前的准备工作

竖立在发射塔上的船箭组合体，迎来了发射前的最后检测准备阶段。

最后一次联合测试时的状态与发射时的状态一致。测试完成后，各种状态冻结。测试结果评审通过后，火箭就进入了发射前的推进剂加注阶段。

火箭加注是由发射指挥中心对加注设备进行远距离加注控制来完成的。发射飞船的长征2F运载火箭由芯一级、芯二级和四个助推器组成，共有12个贮箱，推进剂为四氧化二氮和偏二甲肼，总加注量超过440吨。为了缩短加注时间，火箭的加注采用了多箱并行加注技术。加注顺序是：先对火箭的一、二级同时加注，然后对助推器按对称加注的顺序进行加注。加注工序按照准备加注、开始加注、初速加注、全速加注、减速加注、小流量加注、补加和停止加注共八个过程进行。火箭加注是一项危险性很高的工作，酒泉卫星发射中心通过可靠性和信息化改造，确保了加注工作的安全可靠。

火箭加注完毕后，就要尽快组织实施发射，目前中国载人航天的发射日流程按8小时准备。

发射场各工位工作人员按照发射程序有条不紊执行着各种

操作，一步步迎来紧张而又令人激动的发射时刻。

着陆场系统根据总体技术方案，制定了完备的主着陆场搜救方案。在发射之前，全面启动上升段应急救生区、海上应急救生区的工作，以及飞船自主返回应急救生区工作。

航天员系统是载人航天飞行任务中重要的一环。针对每次飞行任务，进行飞行乘组的初选和复选，对复选出的航天员进行强化和针对性训练。之后实施飞行乘组的定选，确定乘组的顺序，在发射前 2 天，最终确定飞行乘组。航天员每次执行任务有两次进场，第一次进场是在人—船—箭—地联合检查阶段参加三次合练；第二次是执行飞行任务，在飞行前数天进驻航天员公寓问天阁，进行适应性训练和心理调整，为太空飞行作好最后的准备。

3. 遨游太空三部曲
—— 载人飞船的上升、运行与返回

何时发射飞船是由发射窗口决定的。发射窗口是指可以发射的时间集合，也就是通常所说的发射日期、时刻和时间区间。在给定的飞船入轨参数条件下，载人飞船发射窗口主要由以下三点确定：第一，要使得飞船上的太阳电池阵能受到充足阳光的照射，发射时机的选取必须保证太阳电池阵展开时，飞船恰在地球受到太阳照射的一面；第二，要满足飞船姿态测量对地球、飞船、太阳几何关系的要求，满足飞船进出地球阴影时所处轨道位置的要求；第三，要考虑火箭发射和飞船返回时的相关条件。

通过对各项影响因素的计算，可以得到在发射任务阶段每天的发射窗口。在一天中，一般有早上和晚上两个发射窗口可供选择。而选择哪个发射窗口，要通过分析发射前的各种条件来确定。

在确定了发射窗口后，发射时还应满足最低发射条件。最低发射条件是指发射时火箭、飞船的工作状态，发射场要满足

图 5－6 飞船发射、运行、返回全过程

的环境条件，火箭飞行航区和应急搜救区的气象和海况条件。

从火箭点火起飞到飞船返回舱返回地面，载人航天飞行要经过如下阶段：上升飞行阶段、运行飞行阶段、返回飞行着陆阶段和搜索返回舱救援航天员阶段（图 5－6）。

这四个阶段具有各自不同的特点，完成不同的任务。上升段由火箭来完成，主要功能是把飞船安全、准确地送入预定运行轨道。运行段的飞行主要由飞船和航天员共同完成，飞船完成在轨的正常飞行，进行轨道机动和轨道维持，并为航天员提供环境控制和生命保障条件；航天员进行预定的载人航天任务，如科学实验、舱外活动等工作，并对飞船进行一定的操作、控制和维修维护。返回段和着陆段主要是把航天员和空间实验的成果送回地面，由推进舱和返回舱共同完成。推进舱提供飞船返回制动，使返回舱进入返回轨道。返回舱是航天员穿过大气层返回地面的载体，承担了承受大气气动加热、降落过载以及安全返回着陆场的任务。搜索返回舱和救援航天员主要由着陆场的地面人员来完成，主要是尽快发现返回舱的落点，及时赶到返回舱着陆现场，救援航天员，对返回舱进行处置和回收。

为确保航天员的安全，在飞船发射和运行过程中，飞船具有多种模式的救生能力。在发射段大气层内具有低空救生、中空救生、高空有逃逸塔救生、高空无逃逸塔救生；在发射段大气层外也具有救生能力。在运行段，当出现紧急故障时，飞船可自主返回到地面预定应急着陆区。

（1）上升飞行阶段

点火：是指发出火箭点火指令使火箭发动机开始工作的时刻。

火箭的点火是一项安全性要求很高、技术性很强的工作。既要求在指令控制下火箭按时可靠地点火，又要求火箭在出现点火异常情况时能够实现紧急关机，确保火箭和航天员安全。

载人飞行火箭起飞的点火是由点火电路实现的，点火电路采用三重冗余，并设计有安全链锁电路和自动紧急关机电路。除此，还设计有手动直接控制紧急关机的备保方式，并对所有电路都严格进行了防潜通路设计。

点火指令由三组相同的指令组成。发射时，指令由发射控制台相继发出，火箭接受后按2／3 表决方式进行判断，即接收到两组以上的指令才开始执行点火动作。

起飞：火箭起飞是指火箭发动机工作产生推力使火箭离开发射台的那一时刻，一般用发射 T_0 表示，同时它也是发射任务天地协同工作的基准点。起飞时间 T_0 比火箭点火指令发出时间晚一些，时间间隔为火箭发动机开始工作到建立火箭推力达到火箭离开发射台的时间，一般为数秒钟。

如果火箭点火后，火箭发动机产生的推力没有达到起飞推力，火箭就无法离开发射台，说明火箭存在故障，这时就需要实施紧急关机，中止此次发射任务。

正常火箭点火后4 秒内，发动机产生的推力就可以使火箭起飞，同时脱拔插头与火箭分离。在第6 秒钟，地面通过脱拔插头向火箭发出紧急关机的指令，如果火箭已起飞，脱拔插头与火箭已经分离，紧急关机的指令无法到达火箭上，因而也就不会起作用；如果火箭发动机在6 秒钟内还没有建立火箭起飞所需的推力，脱拔插头与火箭仍会连在一起，说明点火不成功，火箭在接收到紧急关机指令后，立刻启动紧急关机程序，中止发射。

火箭点火起飞后（图5－7），就进入了上升段的飞行阶段，这段时间飞行583秒，约10分钟的时间。

逃逸塔分离：火箭起飞后120秒逃逸塔分离。这时火箭已经飞过跨声速和最大动压区段，逃逸塔已经完成了使命，此时航天员利用无塔逃逸就可完成救生，故将逃逸塔分离。

助推器分离：飞行136秒后四个助推器分离。为了充分利用推进剂，助推器采取耗尽关机的方式。四个助推器的发动机各安装了耗尽关机装置，当一个助推器推进剂耗尽时，同时关闭其发动机及其对称助推器的发动机，以防止推力不对称引起干扰。四个助推器全部关机后，与火箭实施分离。分离时，四个助推器以一级火箭为中心，呈花瓣状与火箭分离。

一二级分离：飞行159秒，一二级火箭分离。一级的关机方式为射程关机，也有一定概率的耗尽关机。

图5－7　火箭发射

整流罩分离：飞行200秒，抛整流罩。这时火箭的飞行高度已超出了100千米，进入了稠密大气层外，飞船在飞行过程中不再受到大气动力的影响。

二级主发动机关机：飞行461秒，二级主发动机关机。二级主发动机关机时，火箭的速度为7.142千米／秒，高度为194千米。

二级游动发动机关机：飞行580秒，二级游动发动机关机。二级游动发动机关机后，飞船的速度和高度不仅满足绕地球运动的要求，同时满足设计轨道的要求，飞船可以与火箭分离，独立执行飞行任务。

船箭分离：飞行583秒，船箭分离。

船箭成功分离，标志着火箭把飞船送入太空的任务圆满结束。

从神舟6号起，运载火箭配置了图像测量系统，从传输回来的图像中，可以实时地看到清晰的助推器分离、级间分离、整流罩分离、船箭分离等火箭关键飞行动作的图像。

（2）运行飞行阶段

飞船与火箭分离后，进入了初始飞行阶段。通过采取一系列的状态设置工作，飞船进入运行轨道。转入运行轨道后，航天员便开始了运行阶段的工作、生活和科学实验。

飞船运行段的时间起点：飞船与运载火箭分离时，船箭压点开关闭合，这一时刻就作为轨道运行段零点，也就是飞船入轨运行时间起点。

控制姿态、太阳电池阵展开：飞船入轨后，飞船控制系统要消除船箭分离对飞船姿态的影响，同时引入红外地球敏感器信息，捕获地球，建立飞船运行姿态；然后飞船将轨道舱和推进舱的两组太阳电池阵展开，并控制太阳电池阵跟踪太阳，利用太阳能发电，为飞船提供电源。

地面跟踪确认：飞船入轨后，地面测控网要在最短的时间内向飞船注入初始轨道数据和初始程控指令时间修正；同时对飞船入轨后的轨道、姿态，工作状态是否正常，太阳电池阵是否展开作出判断。

航天员在轨的工作、生活：飞船入轨后第二圈，航天员脱掉舱内航天服，打开返回舱与轨道舱的舱门，进入轨道舱，轨道舱是航天员在飞船运行阶段进行空间活动的主要场所。

航天员进入轨道舱后，进行在轨体验、工作、生活，并进行一定的实验活动，所有的工作按照航天员手册确定的内容进行，与地面进行适时沟通与联系。

这一阶段航天员所从事的工作主要有进行飞船操作、天地通信、摄影摄像、在轨实验、出舱活动，按照飞行手册的安排作息（图5-8，图5-9）。航天员还要将每天的工作和生活状况记录到航天日记中。

图5－8　杨利伟在太空进食

图5－9　费俊龙、聂海胜在飞行中工作

神舟1号、2号、3号和4号虽为无人试验飞船，但在返回舱内设置了相关监测设备，特别是在神舟2号和3号上还设置了模拟航天员，以获取飞船在轨运行时与航天员生命保障相关的各种数据，以便为飞船工程设计提出医学和工程学的要求，确保航天员环境控制和生命保障系统的有效运行。神舟5号之后为载人飞行，神舟5号、6号、7号航天员分别为一人、二人、三人；根据任务的不同，在太空中的运行时间分别为21小时25分钟、5天、3天。

航天员出舱活动：出舱活动是指航天员穿着舱外航天服在运行轨道上或天体表面上到航天器舱外的环境中进行的活动，包括维修、装卸、更换或回收各种航天器及空间设施，以及更换有效载荷等。

神舟 7 号载人航天飞行任务实现了航天员出舱活动。航天员翟志刚和刘伯明分别身着飞天舱外航天服和海鹰舱外航天服进行了出舱活动，翟志刚在舱外展示了国旗，回收了预置在舱外的固体润滑材料试验样品，并在舱外进行了太空漫步（图 5－10），顺利完成了太空出舱活动所规定的各项任务。

在中国载人航天的后续工程中，还将进行空间交会对接飞行试验。空间交会对接包括空间交会和空间对接两部分互相衔接的空间操作。在空间交会对接飞行试验前，先向对接轨道发射一个航天器，称为目标航天器；再从地面发射一个航天器，称为跟踪航天器。首先由地面设备导引跟踪航天器飞向目标航天器，当跟踪航天器上的观测设备发现目标航天器后，开始两者的在轨交会。然后由此跟踪航天器进行自主引导，逐渐接近目标航天器，直至两者接近，完成空间交会操作。最后，在满足空间对接初始条件后，进行对接操作，两个航天器互相接触并通过对接机构使两个航天器彼此连接成一个整体航天器。

飞船返回准备：完成在轨运行的各项任务后，飞船就要启动返回程序。在返回前，首先要进行轨道维持，把飞船的运行轨道调整到返回的标准轨道。根据工程设计，飞船轨道舱要留轨继续执行长期任务，所以首先要实施轨道舱与返回舱的分离。为此，航天员从轨道舱回到返回舱，关闭返回舱与轨道舱之间的舱门，穿好舱内航天服。

返回准备工作完成后，根据地面指令，飞船进行第一次调姿，将飞船绕偏航轴转 90°，使飞船的纵轴与轨道面垂直，进行轨道舱与返回舱的分离，返回舱进入返回飞行阶段。

轨道舱与返回舱分离后，进入留轨运行状态。轨道舱内的 CCD 相机、微重力测量仪、高能粒子探测器和高能质子粒子探测器等有效载荷陆续加电，开始工作，将摄制的图像和探测到的空间环境数据传回地面。通过长期留轨运行管理，轨道舱将达到 6 个月的空间运行寿命。神舟 7 号飞船为适应航天员空间出舱活动任务需要，取消了轨道舱的留轨功能，新增泄复压、舱外航天服支持、出舱活动通信、舱外活动照明及舱外摄像等功

图5-10 太空漫步

能，将轨道舱作为气闸舱和航天员生活舱使用。

（3）返回飞行阶段

载人飞船从绕地球轨道直至返回地面，要经历四个阶段：①制动飞行段，飞船在制动发动机反推力的作用下，脱离原来的运行轨道，转入一条进入大气层的过渡轨道；②大气层外自由下降段，飞船离开原来的运行轨道，在重力的作用下，沿着过渡轨道自由下降，在100千米左右开始进入大气层；③再入大气层段，飞船在进入大气层后，在气动阻力的作用下急剧地减速，同时经受严重的气动加热和制动过载，此时飞船进入黑障区，与地面中断通信联系，直至到达40千米高度，飞出黑障区；④着陆段，飞船飞行降至离地面10千米，打开降落伞。降落伞把飞船的速度从亚声速进一步降低到安全着陆速度。在离地面1米处，缓冲发动机工作，使飞船实现软着陆。

具体过程如下。

第二次调姿：沿着第一次调姿的方向再调整90°，并使飞船俯仰一定的角度，形成飞船与飞行方向相反的姿态，为返回制动作好准备。

返回制动：飞船调整好姿态后，制动发动机按照地面的指令点火，产生推力使飞船减速，进入返回轨道。制动发动机的工作时间由需提供的速度增量决定。

返回舱与推进舱分离：飞船制动结束后，进入惯性滑行飞行，轨道不断降低，当飞行高度降到145千米，判断飞船返回制动正常，并达到了预期制动效果，推进舱完成了飞行使命，开始返回舱与推进舱的分离程序。

飞船建立返回配平姿态：返回舱与推进舱分离后，飞船开始消除由于两舱分离时产生的返回舱姿态分离干扰，建立并保持再入飞行所需的标称配平攻角姿态。

飞船返回舱在返回过程进入大气层后，不仅受到重力的影响，还受到气动力的影响。作用在飞船返回舱上的气动力可分为阻力和升力。根据飞船返回舱在大气层里运动时产生升力的大小，可以分为升力式再入和弹道式再入两种模式。正常情况下飞船返回舱采用的是升力式再入飞行（图5－11）。

打开降落伞：飞船返回舱降到离地面10千米时，打开降落伞，进一步减速。飞船的降落伞为三伞组合，两级减速。开伞过程先是打开引导伞，在引导伞的牵引下拉出减速伞，减速伞

图5－11 返回舱穿过大气层

图 5－12　返回舱着陆

的面积较小，将返回舱速度由 200 多米 / 秒减小到 60～70 米 / 秒左右，同时还起到稳定飞船返回舱的作用。然后在 5 千米左右的高度，打开面积较大的主伞，可以使飞船的着陆速度减速到 5～6 米 / 秒。

着陆缓冲：当返回舱距地面高度约 1 米时，着陆缓冲发动机点火，其产生的推力使返回舱的下降速度从 5～6 米 / 秒减速到着陆时冲击最小的速度。

着陆：返回舱安全着陆，标位系统开始工作，指示自己所在位置，以使搜索救援系统及时发现目标（图 5－12）。

为防止着陆后降落伞继续牵拽返回舱移动，返回舱安装了自动和手动切伞装置，在着陆的同时将伞绳切断。地面搜救人员也配备了切伞刀具，以便在返回舱自主切伞失效后在接近返回舱的第一时间将伞绳切断。

4. 天外归来奏凯歌
——载人飞船返回舱的搜索救援

根据任务要求，飞船在太空中完成任务后，要按照指定的时间和预定的地点返回地面。

飞船和航天员的搜索救援任务由着陆场系统的搜索救援回收子系统执行，其任务是根据返回舱轨道预报和着陆点预报信息搜索和寻找返回舱，并迅速抵达返回舱着陆现场，开舱协助航天员出舱，回收返回舱和有效载荷，将航天员、返回舱和有效载荷分别送至后方支持医院和指定地点。

搜索救援回收子系统包括空中搜索和地面搜索救援回收两个部分。主、副着陆场均采用以空中机组为主进行搜索，地面特种车队救援的模式实施搜索救援。主着陆场空中搜索直升机组按照功能配置了 4 种直升机：搜索救援直升机（图 5–13）、搜索救护直升机、搜索摄录直升机和搜索直升机。地面搜索回收车队配置了 5 类特种搜索回收车辆：指挥调度车、工程运输车、航天员运输车、返回舱吊车和载荷运输车。副着陆场有一支规模较主着陆场稍小的空地搜救队，包括直升机、专用的航天员医监医保车和航天员运输车，以及精干的医疗救护队伍。

在北京航天飞行控制中心、指挥调度车和着陆场测量站还分别设有“态势系统”终端，完成相应接收、发送有关信息任务。

搜索方式在空间上形成重叠的 3 个层次：一是远距离搜索发现目标，在返回舱出黑障区前，利用前置雷达站的雷达以及着陆场测量站的测轨数据，对返回舱进行跟踪测量，以获得返

图 5–13　搜索救援直升机

回舱的轨道测量数据，进行着陆点位置预报；二是中距离搜索发现目标，在返回舱出黑障区后，利用统一S频段（USB）测量设备跟踪测量返回舱至主伞的开伞点，直升机甚高频定向仪接收信标信息，并跟踪返回舱至落点；三是近距离搜索发现目标，以着陆点的预报位置为中心，利用直升机定向仪和车载高频定向仪搜索寻找返回舱。

为使地面搜索人员能够迅速发现返回舱，在返回舱内配置了测量、通信和标位系统，有USB应答机、国际救援406兆赫信标机、超短波收发信机、甚高频搜寻信标机、20兆赫收发信机、GPS接收机等设备和天线。在返回舱内，还为航天员配备了个人呼救电台、手持式GPS接收机、信号枪、烟火管、反光镜、闪光灯和海水染色剂等，从而确保航天员在返回地面后能够及时发出无线电信号和可视信号，从而被迅速发现和救援。

除了主、副着陆场空地搜救任务外，搜索救援系统还担负着飞船应急返回搜救任务，在发射场区范围内的应急搜救，以及国内其他地区的空投搜救。假如飞船在应急返回中落到了国内其他地区，守候在发射场附近机场的飞机和救援小组将立即出动实施空投搜索；发现目标后，另一架大型运输机将装载空地搜救分队的3台专用车辆和有关人员飞往目标点附近机场，迅速展开紧急搜救工作。

在神舟7号返回时，主着陆场光学（可见光和红外）测量设备均捕获到清晰稳定的图像，完整地拍摄到了返回舱着陆阶段的主要飞行事件。主着陆场直升机收到返回舱信标信号后，跟踪、定向稳定，目视缓冲发动机点火，并降落在返回舱着陆现场。救援人员打开舱门，3名航天员依次自主出舱（图5－14），乘直升机至机场，再转乘专机飞回北京，抵

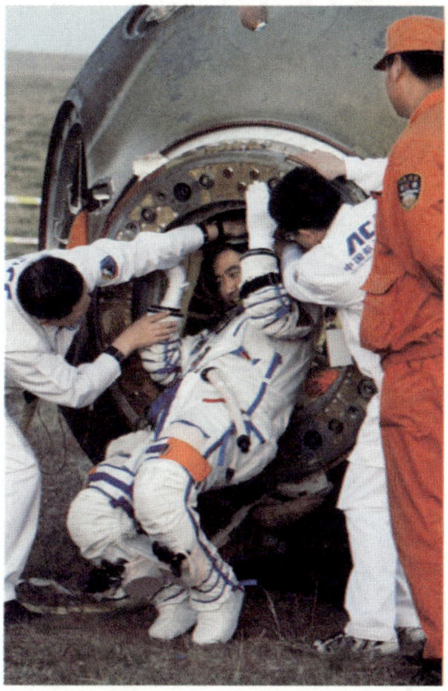

图5–14 神舟7号返回舱顺利返回，航天员自主出舱

图5-15 回收返回舱

达航天员公寓，着陆场系统完成将航天员向航天员系统的移交工作；随后，地面分队对返回舱进行现场处置（图5-15），并用火车将其运至北京，完成将返回舱向飞船系统的移交工作；飞船系统将固体润滑材料和样品台移交空间应用系统。至此，神舟7号载人航天飞行任务成功实现了“准确入轨、正常运行、出舱活动圆满、（航天员）安全健康返回”的任务目标。

第六章

七飞太空步步高

——中国载人航天工程的辉煌成就

我国已经发射了4艘神舟号无人试验飞船和3艘神舟号载人飞船。神舟号飞船的每一次发射，都在前一次发射的基础上向上提高了一步，并取得了丰硕的成果，积累了宝贵的经验，为未来的发展奠定了坚实的技术基础。

1. 无人飞行为哪般
—— 为什么先要发射无人飞船

载人航天，人命关天。与不载人航天飞行相比，载人航天最主要的特点之一，就是它对火箭、飞船的安全性和可靠性要求极高，必须以保证航天员的生命安全为第一要务。飞船研制技术极其复杂，每一个难点都是一个全新的领域，每一个课题都是一座很难逾越的大山。

图6–1 神舟1号～神舟5号掠影

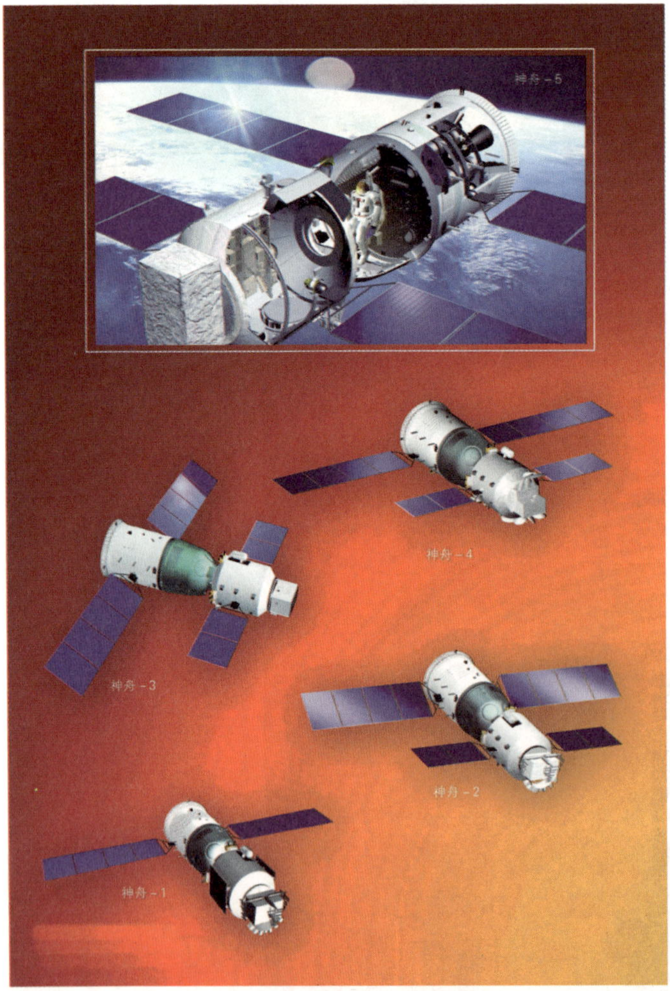

图6–1为神舟1号～神舟5号掠影。

载人航天工程是中国航天史上迄今为止规模最大、系统组成最复杂、技术难度和安全可靠性要求最高的工程，为了确保航天员的生命安全，在整个发射、飞行任务期间，工程各系统必须安全、可靠地协同工作。

飞船是一个由10多个分系统组成的复杂系统。在发射期间要经受火箭发动机工作期间的冲击、振动和噪声等力学环境；在轨运行期间要经受真空、冷热交变、辐射等空间环境。飞船的返回舱和轨道舱是航天员在发射和飞行期间工作和生活的场所，必须为航天员提供合适的气体压力、气体成分、温度、湿度以及对航天员身体健康和生命安全不构成威胁的冲击、过载、噪声、辐射等环境。在发射和飞行期间，一旦运载火箭或飞船出现严重故障，还要为航天员提供救生手段，确保航天员的生命安全。在研制过程中，虽然已经做了大量的分析、计算和各种试验，对设计的正确性进行了验证，但地面试验毕竟是有限模拟的，与真实的发射、飞行条件存在差异。因此，必须在发射载人飞船之前发射几艘无人试验飞船，对各系统设计的正确性和协调性进行考核；对各系统的工作性能、可靠性和安全性进行考核；对系统间的匹配性、协调性进行考核；对飞船载人环境进行考核，以获取航天员船上生活环境和与航天员安全有关的数据。通过试验发现不足，经过改进再试验，直到飞船的各项功能、性能完全符合要求，确保载人飞船的飞行安全、可靠。图 6－2 为神舟号飞船研制场景。

图6－2 打造神舟号飞船

苏联在第 1 艘载人飞船上天之前，共发射了 7 艘无人试验飞船，美国发射的无人试验飞船更多，而我国只先后发射了 4 艘无人试验飞船，就成功发射了第 1 艘载人飞船，大大节省了研制经费。通过这 4 艘无人试验飞船的发射和飞行试验，获取了数据、验证了设计、锻炼了队伍、演练了程序，为发射载人飞船奠定了基础。

2. 首次升空突破多
—— 神舟 1 号飞行纪实

经过 7 年的论证、设计、研制、攻关和试验，1999 年 11 月 20 日 6 时 30 分，中国自行研制的长征 2F 运载火箭在酒泉卫星发射中心发射升空，将神舟 1 号无人飞船送入预定轨道，神舟 1 号飞船在太空全程飞行 21 小时 11 分，绕地球 14 圈后，飞船返回舱于北京时间11月21日凌晨3时41分平安着陆在内蒙古中部草原的预定区域。

（1）任务概况

这次任务是长征2F运载火箭试样阶段的首次研制性飞行试验，同时利用这一飞行试验的机会发射一艘试验飞船，进行返回技术试验。其主要任务有3项：检验载人航天工程总体和各系统设计方案的正确性与协调性；考核各系统间的匹配性与协调性；进行飞船返回及相关技术试验。

参加神舟1号飞行试验的主要系统有：运载火箭、试验飞船、发射场、测控通信和着陆场系统。航天员系统和空间应用系统安排了部分试验项目。

火箭系统中的箭体结构、动力装置、控制、推进剂利用、逃逸、故障检测处理、遥测、外测安全、附加和地面设备等10个分系统全部参加了飞行试验。

飞船系统中的结构与机构、热控、电源、制导导航与控制、数据管理、推进、测控通信、回收着陆、环境控制与生命保障等主要分系统参加了飞行试验，有效载荷、乘员和仪表照明分系统的少量设备也参加了试验。该飞船是以初样电性船为基础，充分利用飞船初样研制成果研制的符合飞行试验要求的产品。在这次试验中，试验飞船考虑了第2圈应急返回模式、前弹道返回模式、第2天和第3天应急返回模式共4种故障返回模式。

图6–3 船箭组合体进行垂直测试

发射场系统中的垂直总装测试厂房、飞船有效载荷总装测试厂房、飞船加注与整流罩装配厂房、逃逸塔总装测试厂房等主要设施参加了飞行试验。主要地面设备和技术勤务分系统有活动发射平台、待发段逃逸指挥控制台等。图6–3为船箭组合体进行垂直测试。

测控通信系统中的3个中心、9个陆上固定测控站、1个活动测控站、3艘测控船和1艘测量船参加了飞行试验。图6–4为神舟1号飞船在轨飞行示意图。

着陆场系统中的跟踪测量设备、通信设备、搜索

图6－4 神舟1号飞船在轨飞行示意图（轨道舱的太阳电池阵没有展开）

回收设备、气象保障设备参加了飞行试验。

空间应用系统中的有效载荷返回舱配电器、1553B 返回舱远置终端、微重力测量仪和采编器、多工位晶体生长炉和电控箱共4项6件产品参加了加电工作情况下的飞行试验。

航天员系统中的航天员个人剂量仪、舱内辐射环境检测仪

知识链接

是“铁疙瘩”？还是“电性船”？

按照运载火箭系统的总体安排，在发射飞船前，必须先试射一枚火箭，以检验运载火箭的真实性能。首枚长征2F火箭发射的有效载荷将是什么呢？

曾有一个亚轨道方案的建议，即打一个“铁疙瘩”，像发射导弹一样让它在太平洋溅落，纯粹检验火箭的性能如何。但反对意见是：这么好的机会，只打一个“铁疙瘩”，什么效益也没有，还得出动舰队回收，费用太高。

还有一个方案，就是将神舟号飞船的地面电性测试船经过适当简化，改装成试验船（简称“电性船”），结合运载火箭发射试验，进行第一次试验飞行，旨在通过考核火箭来促进飞船的研制，从而推动载人航天工程的发展。

经过充分论证，最后决定用初样产品改装一艘“电性船”，与运载火箭同时试验，达到“上得去、回得来”的目标。

鉴于飞船属于试验性质，为了突出重点，缩短研制周期，在神舟1号飞船的设计上，主要以解决返回技术为基本原则，采用了最小配置，所以舱内的系统配置与正式载人状态不完全一样，许多系统和设备都没有装船，与真正的载人飞船还有一定的差距，仅配置了确保飞船成功返回、准确着陆的8个分系统，飞船返回时，轨道舱被丢弃在太空，没有进行留轨试验。

共2项产品参加了加电工作情况下的飞行试验。

（2）主要亮点

新研制的长征2F火箭取消了自毁的功能，配备了逃逸分系统，而逃逸分系统被公认为运载火箭中研制难度最大的分系统。

位于飞船上部的逃逸塔高8米，与一般火箭圆锥形的头部大不相同，从远处看像是火箭的避雷针。从火箭起飞到飞行高度约40千米内，万一火箭发生故障，它能迅速提供动力，将上部整流罩及其内的轨道舱和返回舱（合称逃逸飞行器，图6－5）与火箭分离，脱离危险区，然后返回舱从逃逸飞行器中分离出来，借助降落伞实现软着陆，保证航天员的生命安全。

本次发射首次采用了在垂直总装测试厂房对飞船、火箭联合体进行垂直总装与测试，整体垂直运输至发射工位，进行远距离测试发射控制的新模式。以往的火箭总装、测试、运输都是“躺”着进行的，运到发射塔后，再把一节节火箭以及整流罩、卫星等吊接组装在一起，然后再次进行测试。此次改“躺”为“站”，可使火箭少受拆卸组装之苦，保证火箭发射时的技术状态与在垂直总装测试厂房时的状态相同，极大地提高了测试的有效性。火箭在发射塔上的“停留”时间大大缩短，也减少了外界环境对火箭产生的不利影响。需要特别指出的是，这对于空间应急发射具有重大意义。

图6－5　逃逸飞行器

神舟1号首次使用了活动发射平台发射，即把整个火箭、飞船在技术厂房内的活动发射平台上进行组装和测试，再用活动发射平台将60米高的船箭组合体，沿着无缝钢轨运送到1.5千米之外的发射阵地。

以往进行航天发射时，技术人员必须在发射阵地的地下室里对火箭进行测量和控制，而这次技术人员在1.5千米之外对火箭进行远距离测量和控制，大大提高了安全性。

我国在原有航天测控网基础上新建的符合国际标准体制的陆海基航天测控网，也在这次发射试验中首次投入使用，进行了实战演练，试验飞船在轨运行期间，陆基测控站和分布于公海的4艘远望号测量船对其进行了跟踪与测控，成功地进行了一系列科学实验。

(3) 成果连连

长征2F火箭所采取的提高可靠性、安全性的设计方案，飞船的三舱构型和舱段分离、返回控制及着陆回收等关键技术，“三垂一远”测试发射控制模式，以S频段统一测控系统为主的陆海基载人航天测控网、天地大回路控制方案，着陆场选址与轨道设计，黑障区测量和空中为主的搜索救援方案，都经受住了飞行试验的考验。这次飞行试验证明，我国载人航天工程的顶层设计方案正确，工程总体技术要求合理；各系统设计方案达到了工程总体下达的技术指标要求；系统之间协调和匹配，电磁环境基本上兼容。这次飞行试验达到了预期目的，为今后进一步完善正（试）样产品设计，提高工程的可靠性和安全性，积累了宝贵的数据，为工程后续任务的实施打下了良好的技术基础。

火箭系统方面，长征2F火箭点火后各分系统飞行正常，飞行姿态稳定，船箭分离正常，把神舟1号试验飞船准确地送入了预定轨道，达到了很高的精度。

飞船系统方面，从火箭起飞直至返回舱着陆，神舟1号工作正常，性能良好，完成了各项规定动作，成功地实现了升力控制返回，返回舱安全准确着陆（图6-6）。飞行试验表明，我国已基本掌握了飞船舱段分离、调姿和制动、返回升力控制、防热和着陆回收等关键技术。

图6-6 转运神舟1号返回舱

发射场系统方面，证明我国载人航天工程所采用的“三垂一远”测试发射控制模式是合理、可行和成功的。发射场系统地面设施设备运行稳定、可靠，自动化加注系统表现良好，不对称双面导流槽排烟顺畅，喷水降噪措施有效。测试发射流程合理，发射程序进行顺利，做到了准时点火发射。

测控通信系统方面，在火箭上升段，各站测控设备获取了火箭起飞漂移量测量和全弧段遥测数据，保证了高精度测量任务的弧段要求；利用遥外测数据的地面安控系统工作正常；完成了对飞船外测、遥测、遥控和数传信息的接收。在飞船运行段和返回段，各船站测控设备对飞船跟踪测控正常；确定初轨和精轨及轨道预报准确；返回控制参数计算正确，为试验飞船准确着陆作出了重要贡献；接收飞船图像清晰，话音良好。

着陆场系统方面，主、副着陆场前置雷达站对黑障区内的返回舱成功地进行了长弧段跟踪测量，取得了宝贵数据。采用了以空中直升机为主、地面车辆为辅的搜索方式，及时发现了返回舱。

应用系统方面，参加飞船任务的应用系统设备在飞行试验全过程中运行状态良好，顺利完成了全部预定的在轨试验和考核任务。

航天员系统方面，参加飞行任务的航天员系统设备，在飞行试验全过程中工作正常，返回后经检查，顺利完成了在轨试验和考核任务。

神舟1号飞船还搭载了一些物品，有各种旗帜、邮品、农作物和中草药种子，包括各10克左右的青椒、甜瓜、番茄、西瓜、豇豆、萝卜等农作物种子，甘草、板蓝根等中草药种子，以

知识链接

区旗遨游太空，澳门回归祖国

神舟1号飞船搭载的中华人民共和国国旗和澳门特别行政区区旗，作为全体中国航天科技工作者的一份特殊礼物，被赠送给了澳门特别行政区。1999年12月20日，澳门终于回到了祖国的怀抱，亿万中华儿女看到了这两面象征我国主权和尊严的旗帜在澳门冉冉升起。

及有利于心脑血管疾病药物开发的生物活性菌株。飞船的返回十分成功，搭载的物品完好无损，飞船的密封性、抗辐射性、耐高温性完全符合设计要求。

3．留轨试验收获大
——神舟2号飞行纪实

2001年1月10日凌晨1时，中国第2艘无人试验飞船——神舟2号在酒泉卫星发射中心发射升空，约10分钟后成功进入预定轨道。神舟2号在太空停留7天，环绕地球运行约108圈。该飞船有两项创新之举：

一是飞船轨道舱首次进行了留轨运行，在轨正常工作达半年之久，成功地进行了一系列空间科学实验，有的达到国际同类设备的先进水平。这也是一项颇具特色的世界先进技术，等于额外获得了1颗实验卫星。

二是飞船装载了太空“模拟人”。它能够定量模拟航天员在太空中的重要生理活动参数，并随时受到地面指挥中心的监控。以“模拟人”这种无生命载荷取代动物，在飞船内模拟、检验飞船载人状态，中国是首创。

神舟2号也是中国第1艘正样飞船，按预定计划在太空完成空间科学和技术实验任务后，其返回舱于1月16日19时22分在内蒙古中部地区着陆。

（1）任务概况

我国载人航天工程的7个系统全部参加了本次飞行试验。其主要任务是：进一步考核工程总体设计方案的正确性和各系统之间的协调性；检验、考核工程各系统工作的可靠性和安全性；考核航天员系统参试部分的正确性，考核密封舱内生命保障环境及力学环境；检验、考核空间应用系统方案的正确性，完成神舟2号飞船应用项目试验，考核有效载荷公用设备以及信息通道的性能；进一步考核载人飞船系统方案的正确性与协调性，考核载人飞船系统的性能；进一步考核运载火箭系统性能，考核故障检测处理分系统和逃逸分系统的性能；进一步考核发射场系统、测控通信系统和着陆场系统的性能，考核发射场系统和测控通信系统进行逃逸控制的能力。

在返回舱和轨道舱各安装一套人体代谢模拟装置及监控设备，返回舱还安装了形体假人及相关设备、舱载医监设备和舱内辐射环境监测设备等。空间应用系统的主要参试设备是：多工位晶体生长炉及晶体生长观察装置、蛋白质结晶装置、通用生物培养箱、微重力测量仪、固体径迹探测器、大气密度与成分探测器、软X射线探测器、超软X射线探测器及γ射线探测器等。

与神舟1号相比，神舟2号有以下主要特点：它是一艘系统配置完整、功能基本齐全的正样无人飞船，13个分系统参加飞行试验。本次任务增加的分系统有仪表照明、应急救生、乘员和有效载荷。其轨道舱具有留轨运行并支持有效载荷进行空间实验的全部功能。飞船自主飞行7天，进行变轨和轨道维持，从圆轨道制动返回；轨道舱要留轨运行半年，并可对日或对地定向飞行。入轨后，两对太阳电池阵具备在地球阴影区展开的能力，应急情况下轨道舱电源具有并网供电能力。返回舱和轨道舱舱内气体环境分别控制；两舱的人体代谢模拟装置均工作，对舱内气体环境进行考核。对热控方案进行了改进。增加了应急返回鄂尔多斯地区的功能。

在神舟2号自主飞行过程中，进行了多项试验：话音通信和图像传输试验；舱载医监设备采集模拟人体生理参数试验；拟人载荷考核舱内气体环境试验；舱内辐射环境测量，以获取医学评价的有关参数；空间材料和生命科学试验，空间天文观测和空间环境监测试验等。返回舱着陆后，轨道舱首次留轨飞行约半年，其间进行了空间天文观测和空间环境监测等试验。

神舟2号是我国第1艘按载人要求全系统配置的无人正样飞船，技术状态与载人飞船基本一致，主要分系统均参加了飞行试验。除了极个别需要航天员在轨操作的部件外，凡是与环境控制与生命保障有关的设备基本上都是正式飞行产品，并且增加了2种主要系统功能，即首次进行轨道舱留轨试验及首次全面地检验了飞船的载人环境。载人飞船所需要的各种设施已具备较完整的状态，而且载有许多空间试验设备。图 6–7 为轨道舱光照试验。

图 6–7　对轨道舱进行光照试验

由于神舟 2 号所有产品和设备都要使用正样件，飞船系统的研制生产工作量很重。神舟 2 号上有 600 多台设备，大小百余个计算机和控制器，几十万条软件程序，10 万多只电子元器件，10 多千米长的线缆，8 万多个接点，制造组装这些设备相当于 2 颗大型卫星的工作量。

（2）主要亮点

神舟 2 号飞船上天后，在阴影区展开两对太阳电池阵，其制导导航与控制分系统收到太阳电池阵正常信号后，驱动推进舱太阳电池阵跟踪太阳。图 6－8 为展开了轨道舱太阳电池阵的神舟号飞船。

在 7 天自主运行中，飞船各分系统工作正常。其中对航天员系统中的医监设备和拟人载荷设备的功能和可靠性进行了考核，航天员模拟生理遥测数据显示，两路拟人心电图、呼吸波、体温值和血压值均正常；人体代谢模拟装置工作正常，初步考核了飞船舱内载人气体环境。应用系统中的多工位晶体生长炉完成了 6 个工位的材料样品试验；通用生物培养箱和蛋白质结晶装置均工作顺利；空间天文观测和空间环境监测设备采集了大量有效科学数据。

神舟 2 号重点考核了环境控制与生命保障系统的功能，进一步检验了飞船系统与其他系统的协调性。其中最引人关注的应该说是“模拟人”了。身着白色航天服和透明头盔、面带友好微笑的“他”，安然端坐在座椅上，看上去与真人一模一

图6-8 神舟2号到神舟6号飞船运行状态（轨道舱的太阳电池阵已打开）

样。这套由人体代谢模拟装置、拟人生理信号设备以及形体假人组成的拟人载荷系统，能模拟航天员在太空生活时的多种重要生理参数，如脉搏、心跳、呼吸、体温、血压、饮食等与真人一样的生理信号并传回地面，随时接受地面指挥中心的监控。

航天员在飞船气密舱内工作和生活时，会消耗座舱内的氧气，也会产生热量。人体代谢模拟装置能够模拟真人的耗氧速率、耗氧量和产热率，并向座舱内辐射热量，同时，飞船内的环控生保系统会不断地补充氧气并降温除湿，以维持座舱内的气体环境。

由于航天员在飞船的上升和返回段，束缚于返回舱座椅中，因此其身高、体重和质心是飞船结构设计的必要参数。形体假人包括了头、躯干、四肢等14个部分，当安装在飞船座椅上时，其姿态以及质心能够与载人时的姿态保持一致，并且每一部分的质量、形状也与真人基本一致，这些设计都满足了飞船飞行试验的需要。拟人生理信号设备能够生成心电、呼吸、体温及血压4类拟人生理信号，地面医监人员可以通过监测这些生理信息来判断航天员的健康状况，从而保证在真正载人飞行时能对航天员的生理信号进行正确的采集、处理和传输。

另外，神舟1号飞船是火车运输，运输时间长，振动影响大，最主要的是需要将飞船分解，有些精密仪器由于怕磕碰，还得由人在怀里抱着，到了发射场各种总装、测试都得重来。而神舟 2 号采用了空中运输的办法，飞船在北京完成测试后，将推进舱、返回舱、轨道舱三个舱段用特殊金属壳包裹，整艘飞船运送到发射基地，直接进入测试厂房，不但节省时间，而且避免了因拆卸而造成的技术状态更改，提高了产品的可靠性。

（3）成果连连

神舟 2 号飞行试验对载人航天工程各系统从发射到运行、返回、留轨的全过程进行了全面的考核和检验，按预定方案飞完全程，获取了大量试验数据，达到了飞行试验的目的。

航天员系统参试设备获得了大量的与载人飞行有关的试验数据，为进行医学和工效学评价提供了依据，完成了飞行试验任务。

应用系统参试设备获取了空间材料、微重力测量、空间天文和环境等大量试验数据和部分产品，完成了飞行试验任务。

飞船各分系统从火箭起飞、留轨飞行直至返回舱主伞开伞均工作正常，获得了关键试验数据，首次全面考核了飞船载人环境；首次进行了轨道舱留轨试验，为轨道舱的飞行和管理积累了宝贵经验。

火箭各级飞行正常，再次证明运载火箭系统方案是正确的，火箭各分系统之间协调、匹配，采取的可靠性、安全性及质量管理措施十分有效。

发射场系统地面设施设备满足火箭发射试验要求，运行稳定、可靠，测试发射流程合理，发射程序进行顺利，与火箭和飞船系统协调、匹配，有效地保障了低温发射，做到了准时点火发射。

测控通信系统的各站船测控设备对重要测控事件的监视、判断与控制及时、正确，对故障处理及时，应变能力较强。

着陆场系统测控设备获取了黑障前后返回舱测量数据，完成了遥测接收和遥控发送；在无返回舱信标信号及严冬气候条件下，完成了返回舱搜索寻找任务。

知识链接

假人 VS 猴子

神舟 2 号飞船上搭载的是假人，而不像其他国家那样把一些灵长类动物（比如猴子）带上太空，这是为什么呢？随着现代科学技术的发展，现在已完全可以用仪器来代替动物进行实验。况且，动物试验也有一定的局限性，其体重、代谢率与人的差别比较大，有一些参数反而模拟不了。所以，选择模拟装置更科学、更合理。

图 6－9 神舟号空间应用系统数据接收天线

本次飞行试验各系统状态配置比较完整，首次比较全面地考核和验证了载人环境，飞行轨道和程序接近载人飞行状态，测试发射和飞行控制技术及组织实施更加成熟，整个工程大系统更加接近了载人飞行目标。

轨道舱留轨利用是中国飞船的一大特色。在美国和苏联以往的航天试验中，轨道舱与返回舱分离后一般就废弃不用了，直接变成了太空垃圾。中国科学家则为它加装了一对太阳电池阵，以便轨道舱在留轨利用时为空间科学实验或对地观测提供较长时间的能源，发挥一颗卫星的作用，并且还有可能在下一艘飞船上天后，将其当做对接目标。

神舟 2 号的轨道舱留在太空飞行过程中，进行了微重力环境下的空间生命科学、空间材料、空间天文、空间物理四大科学领域的实验。其中包括：进行了半导体光电子材料、氧化物晶体、金属合金等多种材料的晶体生长；进行了蛋白质和其他生物大分子的空间晶体生长；开展了植物、动物、水生生物、微生物及离体细胞和细胞组织的空间环境效应实验等。图 6－9 为空间应用系统数据接收天线。

飞船上装载的蛋白质结晶装置，是科学家们为了揭示生命的奥秘经过多年研制而成的。它装载有天麻抗真菌蛋白、碱性磷脂酶 A2 和细胞色素 B5 等 15 种蛋白质，对于抗农作物病害、治疗顽症、设计新型药物、在细胞和分子水平上研究生命现象的本质，都具有重要意义。

空间生物效应研究，是我国航天领域首次进行多物种综合性生物学研究。飞船上携带的空间通用生物培养箱，里边装了石刁柏、圆红萝卜种子、蛋白核小球藻、鱼星藻、螺旋藻、果蝇、小型动物龟心肌组织、大鼠心肌细胞和胚胎及腿部肌肉等 19 类 25 种植物、动物、水生生物、微生物、细胞和细胞组织，再加上 15 种蛋白质和其他生物大分子，有人称它为“生物军团”。

通过对回收的金属合金、金属复合材料等空间材料科学实验样品的分析，表明我国在微重力材料科学研究方面上了一个台阶。

在空间天文研究中，获得了多个宇宙γ暴的完整光变曲线、能谱和时间结构，这是我国在γ暴实测研究这一前沿领域的重要突破，证明我国自己研制的探测器系统已达到国际同类设备的先进水平。

中国空间科学和应用研究在神舟2号飞船上取得的科研成果，标志着中国的空间科学和应用研究实现了新的跨越，它对我国科学技术和国民经济发展起到了积极的促进作用。

4. 完整功能大演练
——神舟3号飞行纪实

神舟3号无人飞船于2002年3月25日22时15分发射升空，在遨游太空6天18小时，巡天540余万千米后，飞船返回舱于2002年4月1日16时51分，在内蒙古中部预定区域准确降落，其轨道舱则按预定计划继续留在轨道上运行大约半年时间，进行了有关的空间科学和应用实验。

该飞船的技术状态与载人状态完全一致，进一步优化改进了许多分系统的性能，航天员安全保障措施得到了较大完善。通过这次发射试验，载人飞船、运载火箭和测控发射系统进一步完善，提高了载人航天的安全性和可靠性。

与神舟2号飞行试验相比，神舟3号飞船和长征2F火箭全面完善了逃逸与应急救生功能，在火箭飞行过程中，一旦出现危及航天员生命的情况，带有返回舱的逃逸飞行器可以与火箭分离，使航天员得以逃生。逃逸与应急救生功能，可以通过地面发出指令控制，也能由火箭自行实施。

(1) 任务概况

这次飞行试验的主要任务是：全面考核工程总体设计方案的正确性和各系统之间的协调性；全面考核工程各系统的工作性能及可靠性和安全性；针对第2次飞行试验中的问题，考核其解决方案的效果；考核第3次飞行试验技术状态变化部分的工作性能及与其他系统和分系统的协调性；完成神舟3号飞船

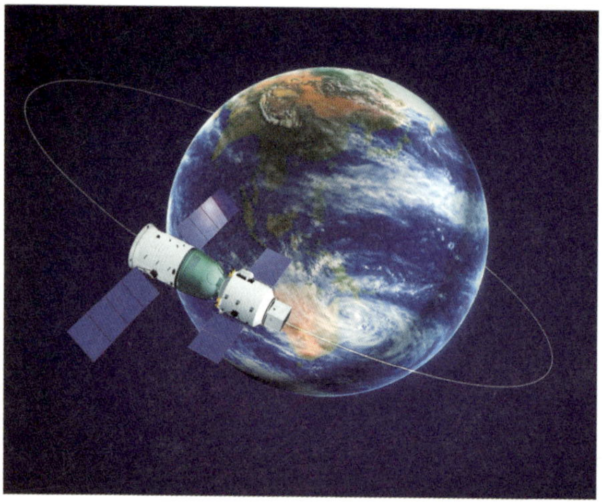

图6-10 神舟3号飞船绕地飞行示意图

应用项目试验；考核飞船载人环境，获取与航天员船上生活环境和安全有关的数据。图6-10为神舟3号飞船绕地飞行示意图。

神舟3号为正样飞船，航天员不参加飞行试验，由模拟假人和人体代谢模拟装置构成飞船的质量负荷。此次飞行试验没有启用副着陆场和海上应急救生区。火箭起飞后，为保证航区安全、避开太原市，火箭进行了偏航飞行。

飞船自主飞行过程中进行的试验有：话音通信和图像传输试验；舱载医监设备采集模拟人体生理参数试验，拟人载荷考核舱内气体环境试验；舱内辐射环境测量；空间材料和生命科学试验；空间环境预报和监测试验等。图6-11为向返回舱内吊装模拟人的场景。

图6-11 向返回舱内吊装模拟人

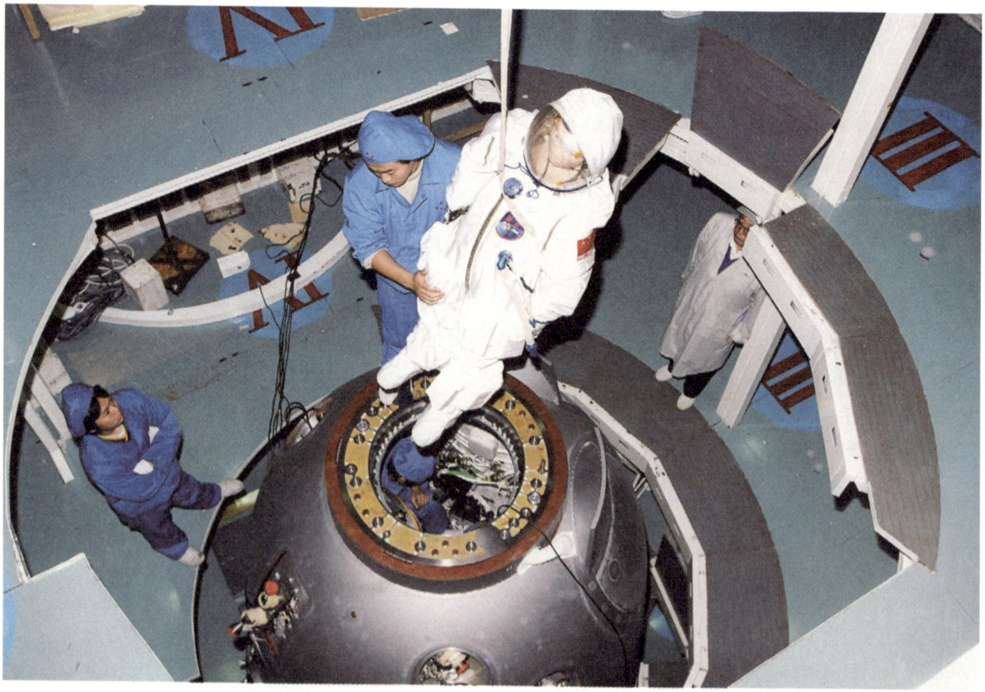

知识链接

神舟3号推迟发射

神舟3号的发射经历了一些波折。神舟3号在发射场进行三舱对接时意外发现，穿舱插座有一个接点信号不通，在检查了故障原因后发现，有77个这种插座在设计上存在隐患。换插座是非常困难的，但为了确保安全、可靠，经工程领导批准，最终决定将神舟3号这种不合格插座全部重新设计、评审、生产和更换。虽然发射时间被迫推迟了3个月，神舟3号最后却以其完美的升空、运行和返回，为我国从事空间科学与应用技术研究的科学家们带回了一批具有重要价值的科研样品。

轨道舱留轨飞行期间，进行对地观察试验、空间天文观测和空间环境监测试验等。

（2）主要亮点

在神舟3号飞行任务中，首次进行了待发段与上升段的逃逸救生系统试验。而且明确界定了“漏逃”和“误逃”的界线，因为“误逃”会白白浪费1枚火箭和1艘飞船，而“漏逃”会在火箭飞行有问题时，没有及时逃逸而造成船毁人亡。当然，由于神舟3号待发段及上升段火箭工作正常，逃逸救生系统只是处于值班状态。

飞船发射升空后，在大气阻力和地球引力的共同作用下，飞船的飞行轨迹会逐渐下降，慢慢偏离设计轨道，要确保飞船能够正常运行，必须对它实施轨道维持。这一程序通过点燃飞船自身装载的主发动机提供能量，调整飞船的飞行轨迹。神舟3号飞船启动船载主发动机，成功地进行了高精度的轨道维持，为飞船顺利实施返回计划创造了有利条件。图6-12为正在展开太阳电池阵的神舟3号。

图6-12 神舟3号正在展开太阳电池阵

当飞船进入地面测控站的跟踪测控范围时，通过数字电视接收系统和天地语音传输系统，地面电子显示屏上可以清晰地显示出飞船上摄像机拍摄的舱内实景，同时可以清晰地听到从飞船上传来清亮悦耳的女性声音："请航天员穿好航天服，坐到座位上，系好安全带。"这是神舟 3 号飞船进行的首次天地语音传输试验，也是首次从太空传来的美妙声音，接收到的声音非常清晰。

（3）成果连连

与神舟 2 号相比，神舟 3 号飞行试验主要增加了逃逸与应急救生系统、火箭控制系统冗余、火箭上升段偏航机动试验，纳米比亚测控站、远望 4 号船上行遥控以及飞船轨道舱偏航等试验。

在神舟 3 号 7 天自主飞行期间，航天员系统获得了大量的与载人飞行有关的试验数据，为进行医学评价奠定了基础。

空间应用系统主要进行了空间生命科学实验和空间材料科学实验，自主飞行后期和留轨期间主要进行对地遥感应用试验和地球科学观测。空间蛋白质结晶装置有 4 种蛋白质长出了质量较高的晶体，空间细胞生物反应器的 4 种细胞均生长良好，多工位晶体生长炉所有样品生长良好，空间环境监测获得了十分有价值的空间大气环境数据，地球环境监测也取得了初步成果。

飞船系统获得了过载、冲击、振动等力学环境，气体压力、温度、成分等大量试验数据，成功进行了轨道舱偏航飞行试验。

运载火箭系统增加了一套捷联惯性组合作为平台的备份，修改了相应的软件，实现了平台／捷联主从式冗余功能，这是我国运载火箭首次实现控制分系统的系统级冗余。

发射场系统对发射塔架实施了全封闭，效果良好，改善了工作环境，提高了飞行试验对发射环境的适应性，塔架封闭后的电磁环境和承受风载荷的能力满足技术要求。

测控通信系统对测控通信网进行了加强，新建了纳米比亚测控站，对远望 3 号船位进行了调整，这些措施使关键的飞船返回制动点地面测控有了冗余保障手段，并提高了测控通信覆盖率。测控通信系统获取了火箭发射过程中的全弧段遥外测数据，在运行、返回和留轨段对飞船进行了跟踪测控，天地话音通信正常、接收电视图像清晰。

着陆场系统获取了飞船黑障前后返回舱测量数据，完成了遥测接收和遥控发送；在规定时间内及时搜索到返回舱，并进行了正确处置，完成了返回舱的搜索和回收任务。

5. 尽善尽美无人船
——神舟4号飞行纪实

2002年12月30日凌晨零时40分，神舟4号无人飞船在酒泉卫星发射中心载人航天发射场发射升空，在太空飞行了6天零18小时，飞船返回舱于2003年1月5日19时16分，在内蒙古中部地区准确着陆。

神舟4号飞船是载人飞行前的最后一次"彩排"，是历次无人飞行试验中技术要求最高、参试系统最全、难度最大、考核最为全面的一次飞行试验，也是最接近载人技术状态的最后一次演练。航天员、飞船、火箭、发射场、测控通信、主着陆场和备用着陆场、陆地和海上应急救生等系统，都参加了此次飞行试验。

(1) 任务概况

神舟4号飞行试验的主要任务是：进一步考核工程各系统之间的协调性、工程各系统的工作性能及可靠性和安全性，考核飞船人工控制、自主应急返回等新增功能与其他系统的协调性，考核飞船的载人环境，获取航天员船上生活环境和与航天员安全有关的数据，检验有航天员参与的情况下相关系统间的协调性，针对前3次飞行试验中暴露出来的问题，考核其解决措施的有效性。

为确保航天员的安全万无一失，神舟4号飞船的设计师们根据载人飞船技术状态要求和神舟3号飞行试验中暴露出来的问题，对飞船的部分技术状态进行了改进，设计了8种救生模式，在不同阶段出现意外时，都能保证航天员安全返回。图6-13为神舟4号返回示意图。

> 知识链接
>
> **神舟4号遭遇低温**
>
> 在神舟4号发射过程中，也出现了一段小插曲。本来发射前的准备工作很顺利，但没想到在临近发射之际，一场大雪横空飞来，发射中心出现了30多年来罕见的寒冷天气，最低气温接近−30℃，超过低温发射条件近10℃。发射场迅速成立了"抗寒抢险小组"，动用了大量军用棉被为火箭御寒，启动了20多台大功率空调，24小时不间断地给火箭和飞船送暖，确保了船箭安然无恙。

图6-13 神舟4号返回示意图

图6-14 神舟4号准备进行热真空试验

为提高故障检测分系统接收信号的可靠性，把有些信号由1路“传递”增加到3路“传递”，故障检测系统的关键部位或重要信号采用“双岗制”，只有2个或2个以上信号都“举手表决”，才能正常工作。在设计逃逸系统时，充分考虑了航天员的安全要求。

总之，神舟4号进一步提高了飞船的可靠性和安全性，完善了应急救生系统功能，增加了航天员手动控制系统，增强了整船偏航机动能力，改善了舱内载人环境，充分考虑了航天员座椅使用、出舱进舱、操作是否方便舒适等因素，并在发射前由航天员进行了人、船联合测试，工效学评价试验考核。图6-14为神舟4号准备进行热真空试验。

（2）主要亮点

在神舟4号飞船上，设计师为航天员布置了一个安全、舒适的“家”。为了让航天员在失重条件下活动自如，在太空舱内新装了多个扶手、航天员物品柜等设施，配备了睡袋、压力服、餐具包、残渣收集器、灭火器、应急小便收集器和航天员食品、卫生用品、药品、飞行文件，以及着陆后遇到意外情况所需的各种救生物品。

神舟4号飞船安装了自动和手动两套姿态控制装置，在轨运行期间万一自动装置出现故障，飞船上的航天员可以通过手动姿态控制方式，控制飞船的姿态。增加了手控半自动返回功能，一旦自动返回功能失效，航天员可采用手控半自动返回方式返回地面。图6-15为返回舱海上救生试验。

太空辐射是对航天员安全的主要威胁之一。神舟4号返回舱里安装了舱内辐射计量包、辐射环境检测仪，它们的任务是探测飞船座舱里受到辐射污染的程度，进一步验证飞船舱内环境的安全性。

此外，神舟 4 号飞船的所有舷窗玻璃都换成了一种新材料，保证返回舱再入大气层后舷窗透光性能良好，使航天员着陆后能可靠地判断着陆地形。

图6–15 对返回舱进行海上救生试验

在这次飞行任务中，除设置主着陆场之外，还演练了副着陆场，这主要是考虑到在飞船返回时，如果遇到气候异常，如地面风大、气候不适等原因，影响返回舱返回主着陆场，必须启用副着陆场，确保航天员安全返回地面。

另外，在神舟 4 号飞船升空前，航天员曾在船上进行了为期一周的实际体验，主要是让航天员在真实的操作环境中，进一步熟悉飞船内的环境，进行故障模式等适应性测试和演练。航天员在测试中熟悉了舱内各种操作设备、操作面板和按钮。在故障模式等测试中，航天员按测试程序进行了实际操作。航天员还穿上航天服进行了开关舱门等多种操作，并且通过封舱测试以锻炼航天员的环境适应能力。经过多项测试，航天员对神舟 4 号飞船的操作设计评价良好，从而为神舟 5 号载人飞行做好了先期准备。

（3）成果连连

图6–16 “模拟人”遨游太空后安然无恙

与神舟 3 号飞行试验相比，神舟 4 号飞行试验的主要变化是：完善了逃逸和应急救生功能，增加了自主应急返回功能，两个陆上应急救生区和海上 A 区参加了任务，副着陆场进行了演练。

在神舟 4 号飞行任务期间，航天员系统进行了飞船座舱气体本底测量和采样，获得了大量与载人飞行有关的试验数据，为进行

知识链接

“模拟人”测试太空辐射

在“模拟人”的航天服口袋里，装有一个特制的剂量仪，用来测量航天员“吸收”了多少太空辐射，为载人飞行提供可靠数据。飞船回收后，科学家对测量数据进行了计算，发现仪器在太空环境里工作正常，飞船舱内受到的太空辐射剂量很小，对航天员的身体基本没有影响，舱内生存环境完全符合载人飞行的要求。

医学评价提供了依据。图6－16为遨游太空后的“模拟人”。

空间应用系统的微重力科学实验和空间环境综合监测取得成功，获取了有关空间生命和空间环境的大量试验数据；窗口组件温控试验和精密定轨试验取得成功，达到预期结果；多模态微波遥感器获取了大量有价值的试验数据。

飞船系统获得了大量试验数据；飞船正常飞行的座舱环境满足载人要求；飞船整船对日定向和偏航试验取得成功；完成了自主飞行段和留轨段的飞行试验任务。

火箭系统没有出现误报故障和误逃逸情况，成功解决了低温发射遇到的困难。

发射场系统的地面设施设备运行稳定、可靠，为解决低温发射问题起到了保障作用，完成了测试发射任务。

测控通信系统对火箭跟踪测量和运行、返回及留轨段对飞船跟踪测控正常。

着陆场系统的主要搜救点和海上A区参加了任务；克服了气象方面的不利因素，在规定时间内及时搜索到返回舱，并进行了正确处置，完成了返回舱的搜索和回收任务（图6－17）。

神舟4号把当时国内已有的各种用于空间环境探测的仪器都纳入到空间环境监测系统中装上了飞船。在飞船发射、运行、

图6－17 成功着陆的神舟4号返回舱启程运往北京

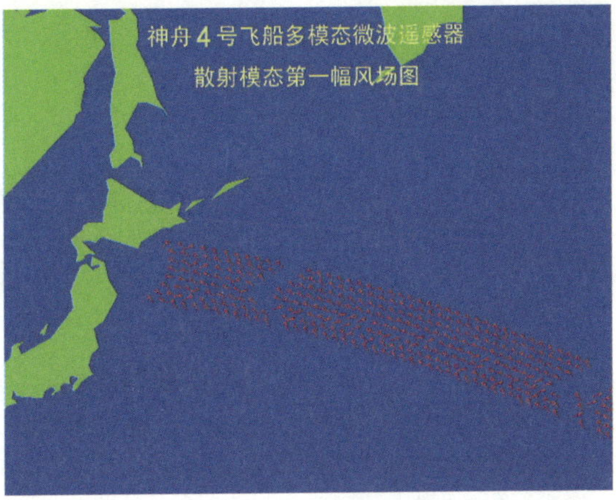

图6–18 神舟号飞船微波遥感器获取的海面风场图像

返回及留轨运行期间，进行了实时空间环境监测，及时把“空间天气”情况通报给飞船控制管理人员。这是我国首次对飞船运行轨道的空间环境进行了大规模、全方位的监测，初步探明了神舟号飞船运行轨道的空间环境状况，获得了飞船轨道高能带电粒子分布、飞船表面静电电位等一批重要的探测结果，并为神舟5号飞船的安全出行做好了“路况示意图”，为未来的载人航天飞行打下了基础。

飞船返回舱返回后，留在轨道舱的探测仪器继续在轨工作半年。它们的实时监测结果对研究“空间天气”的变化规律和对飞船的影响，以及开展“空间天气”预报都十分重要。

总之，在神舟4号飞行任务中，先后在太空进行了对地观测（图6–18）、材料科学、生命科学实验及空间天文和空间环境探测等研究项目，3项微重力科学实验都取得成功；装船的空间环境探测器获得重要探测成果；激光定位监测取得成功；多模态微波遥感器取得辐射模态和高度模态大量测量数据，填补了我国在这方面的空白；航天员在发射前也进入飞船进行了实际体验。

6．千年圆梦誉全球
——神舟5号飞行纪实

2003年10月15日9时整，中国首位航天员杨利伟乘坐中国第1艘载人飞船神舟5号从酒泉卫星发射中心顺利飞向太空，这标志着中国成为世界上第3个能够独立开展载人航天活动的国家。

图6–19 杨利伟在神舟5号舱内并列展示五星红旗和联合国旗

知识链接

神舟5号催生新词——taikonaut

伴随着杨利伟历史性的太空之旅，一个新造的名词——“taikonaut”问世了，并融入到西方主要民族的语言中。这个词的前半部分“taikon”类似于中文“太空”的拼音，它的后缀部分“–naut(a)”与西方语言中代表航天员的词“astronaut(a)”的尾缀完全一样，代表水手或航行家。从字面上看，它的意思就是“太空航行家”或者“航天员”，是一个绝妙的中西合璧产品。这个词被收入新版牛津简明英语辞典、英文朗文辞典等主流英文辞典，以区别于专指苏联/俄罗斯航天员的“cosmonaut”一词，“taikonaut”成为世界媒体对中国航天员的专用称呼。

在英文、德文、丹麦文、荷兰文、瑞典文、挪威文、芬兰文等文字中用“taikonaut”来代表中国航天员；而在西班牙文、法文、葡萄牙文、意大利文乃至罗马尼亚文等拉丁民族的文字中，它的变体是“taikonauta”；东欧国家波兰、捷克和匈牙利等也采用了“taikonauta”。1961年，苏联人加加林成为人类第一个进入太空的航天员时，西方媒体将航天员一词的俄文“KOCMOHABT”改造成西方语言的“cosmonaut”，这个词后来主要被用来代指苏联和俄罗斯的航天员。而美国航天员则被称为“astronaut”。1995年3月，美国航天员诺曼·塔加德搭乘俄罗斯的联盟TM21号飞船进入太空，被当时的西方媒体戏称为美国有史以来的第一位“cosmonaut”。

9时34分，杨利伟从太空向地面表示“感觉良好”。17时32分，飞船在进行第6圈飞行时，杨利伟与地面进行了第1次“天地对话”。18时40分，杨利伟在太空展示中国国旗和联合国旗（图6–19），并向地球发出问候。

在绕地球飞行14圈，飞行21小时后，神舟5号飞船返回舱于16日6点23分在内蒙古四子王旗阿木古郎牧场的主着陆场成功着陆，实际着陆点与理论着陆点仅相差4.8千米，返回舱完好无损，航天员杨利伟自主出舱、状态良好，神舟5号载人航天飞行任务获得圆满成功，标志着我国载人航天飞行初战告捷，实现了载人航天飞行历史性突破。

（1）任务概况

神舟5号载人飞行的主要任务是：执行首次载人航天飞行任务，将航天员安全送入太空，完成预定程序后，再安全返回地面；全面考核工程各系统的工作性能及可靠性和安全性；全面考核工程各系统之间的协调性；全面考核工程载人环境，获取航天员船上生活、工作环境及与航天员安全有关的数据；进

图6-20　座椅试验

行应用项目试验。图6-20为座椅试验。

这次飞行试验按照白天发射、白天回收的原则组织实施。一名航天员乘坐神舟5号在轨飞行一天返回主着陆场，飞船运行到第14圈执行返回程序。在轨飞行期间，航天员不进入轨道舱、不脱航天服。航天员通过无线信道每圈均可与地面进行通信联系，在测控区内，地面测控站（船）接收航天员生理和图像信息，监视航天员的生理状态和活动情况，并指示航天员完成必要的操作。在需要的时候，航天员可以按照预先规定的程序和地面指令手动补发船箭分离、太阳电池阵展开等重要指令；在运行段出现压力和电源等应急情况时可以自主应急返回；在返回段，自动功能出现故障时，可以实施人工控制返回。飞船具有第2天、第3天返回能力。轨道舱留轨飞行约半年。

从1998年3月至2003年6月，14名航天员经过严格、系统的训练，均通过了基础理论、飞行技能、心理、身体等所有训练科目的考核，具备了执行载人飞行任务的能力。2003年7月，从中选定了5名航天员进行有针对性的强化训练；在此基础上，8月底又选出3名航天员组成了首飞梯队；首飞梯队参加了发射场技术区的人－船－箭－地联合测试，其他航天员到现场进行了观摩；10月14日，最终确定杨利伟为正式执行首飞任务的航天员。

针对航天员的安全问题，在设计神舟 5 号飞船时有一个原则，就是飞船的每一个系统要做到“一度故障，正常飞行；二度故障，安全返回”。换句话说，当一个系统第一次出现故障时，要做到飞船能正常运行，出现第二次故障时，能保证航天员安全返回。比如，航天员坐椅缓冲装置是作为返回舱落地前反推发动机点火反推的备份。由于神舟 1 号到神舟 4 号飞船不载人，坐椅缓冲装置的缓冲性能未得到太大的关注。神舟 5 号载人飞船发射之前，发现坐椅缓冲装置采用的拉刀式缓冲方案不能满足航天员安全所需的指标要求，过载较大，这时离计划发射时间已不足 3 个月。为了确保航天员的绝对安全，有关领导毅然决定更改方案，采用性能更好的胀环式缓冲方案。经过研制单位和科研人员 49 天的努力，终于在 9 月 15 日通过了评审，准时送到发射场进行更换，并成功地经受了飞行考验。

（2）主要亮点

飞船在轨运行中，航天员杨利伟按照程序完成了各项操作和任务，特别是在第 6 圈飞行过程中，他将数字电视切换至手持摄像机，地面可以看到太阳电池阵和地球轮廓，图像效果良好。

在飞行任务期间，测控通信系统按飞控计划与航天员进行了通话，通过生理遥测参数和电视图像监视航天员的身体状态，对飞船进行了跟踪测量和监视控制。圆满完成了与航天员通信联络及图像接收处理、测控计划生成、遥测数据接收与处理、遥控与数据注入、轨道控制与确定、天地校时等任务。图 6－21 为神舟 5 号在轨飞行示意图。

10 月 16 日 6 时 23 分，神舟 5 号飞船返回舱着陆。搜救人员首次观察并拍摄到返回舱划过天空、乘主伞下降、缓冲发动机点火及返回舱脱伞等过程。

神舟 5 号飞船环境控制和生命保障系统有四大功能：

一是具有环境控制功能。航天员杨利伟所呼吸的氧氮混合气体是由神舟 5 号飞船自身携带的氧气瓶和氮气瓶提供的，通过舱内安装的压力调节系统，可以不断地为座舱补充氧气和氮气，使舱内的气体成分和压力始终保持在适当的范围内；同时，

图6–21 神舟5号在轨飞行示意图

舱内的通风净化设备则不停地将航天员呼出的二氧化碳等废气进行过滤和净化。为保持座舱内的温度和湿度，神舟 5 号飞船设置了冷凝干燥器，可以不断进行调节，使舱内温度和湿度保持在最舒服的范围内，座舱内布置的各种风扇，促使舱内气体流动，使得舱内环境的温度、湿度和气体成分均匀。

二是具有生命活动条件下的保障功能。可以保证航天员在微重力环境下正常地生活，如喝水、吃饭、大小便、处理个人卫生和回收处理生活垃圾等。航天员在太空生活中的每一件事，都需要研制一套特制的设备，并通过特定的程序来实现。

图6–22 航天员在返回舱中训练

三是具有舱内火情监视功能。神舟 5 号飞船上使用了专门为其设计的烟火监测与灭火装置。在整个飞行过程中，舱内的烟火探测器随时监测舱内的烟火信号，一旦发现火情，立即发出火情警报，并同时传至舱内仪表板和地面控制中心，航天员即可采取灭火措施。

四是具有压力应急情况下的生命保障功能。当舱内压力急剧下降时，可以启动压力应急设备给舱内航天服紧急供氧，为航天员提供最基本的生存条件，保证航天员能够坚持到安全返回和着陆。图6–22 为航天员在返回舱中训练。

图6–23 神舟号飞船仪表板

神舟 5 号航天员座舱里的仪表系统（图 6－23）通过 2 台多功能显示屏、6 块机电仪表以及各种按钮，及时向航天员报告舱内外的多种信息，协助下达各种手动指令。可以说，在整个飞行期间，除了与地面指挥中心通话联系外，其他信息全部由仪表系统提供。为了适应空间环境，船上使用了液晶显示器。在显示器上，航天员可以按照不同的时序，看到以数值、文字、图标、图形、曲线和指示灯等方式显示的飞船飞行数据、船上各系统工作状态和需要了解的其他信息。

除用眼睛看仪表外，航天员还可以听到各种信息的语音播报。为减轻航天员的视觉负担，在仪表系统设计中专门设置了语音通报装置。该设备的核心也是由计算机控制，把飞行中的重要事件、提示内容和报警信息用语音通报给航天员，计算机会按通报内容的重要和紧急程度有次序地通报。此时，不论航天员在做什么，都能清晰地听到通报内容。

（3）成果连连

神舟 5 号飞行任务获得了圆满成功：运载火箭按预定程序将载人飞船准确送入轨道，飞船按预定程序完成在轨飞行，返回舱在升力控制下返回主着陆场，航天员安全出舱（图 6－24）。

航天员系统提供了合格的航天员梯队，首飞航天员圆满完成了飞行任务；飞行前、中、后对航天员实施了医学监督和医

图6-24 杨利伟在神舟5号载人飞船返回舱成功着陆后自主出舱

学保障工作；舱内航天服等航天员个人装备和装船设备工作正常；对飞船进行了医学和工效学评价；分析了航天环境因素对人体的影响。

应用系统工作正常；有效载荷公用设备、信息通道的工作性能和可靠性得到进一步考核；进行了空间环境监测，准确发布了空间环境预报和警报。

飞船系统在整个飞行期间为航天员提供了生活与工作条件，为有效载荷提供了相应的试验条件；保证了航天员完成飞行任务后，安全地返回地面；具备了在轨自主或人工控制返回地面的功能；轨道舱继续留轨支持了空间应用实验。

火箭系统按要求将神舟 5 号载人飞船准确送入了预定轨道，并具备待发段和上升段逃逸功能。

发射场系统成功进行了运载火箭、载人飞船的测试发射；为航天员提供了生活、医监医保、锻炼设施，为有效载荷提供了测试发射条件；具备实施待发段紧急撤离和零高度逃逸救生的判决、控制和指挥功能。

测控通信系统摄录到了整流罩分离及火箭的飞行实况景像；在运行、返回和留轨段对飞船进行了跟踪测控，建立了地面与航天员之间的双向话音链路，提供了调度指挥及通信保障。

着陆场系统成功跟踪测量了返回舱出黑障前、后的返回轨道，接收和记录了返回舱出黑障后的遥测信息；及时搜索和回收了返回舱，协助航天员安全出舱；保障了着陆场系统与北京航天飞行控制中心和航天员的通信。

神舟 5 号载人飞行的圆满成功，从总体上体现了中国特色和技术进步。如：载人飞船使用三舱结构，轨道舱可以留轨利用，不但可以进行空间观测和科学实验，而且为载人航天第二步和第三步的发展奠定了基础；通过采取保证关键测控弧段高覆盖率，程控、遥控和手控三种控制方法匹配使用等多种技术，在保证安全、可靠的前提下，完成了载人航天飞行任务；上升段大气层外逃逸时，通过飞船机动飞行，缩短了海上救生区，减少了搜救力量；用拟人代谢装置考核载人环境，跨越了动物试验阶段，缩短了研制试验周期等。

成功实施首次载人飞行，标志着我国已经掌握了载人航天的基本技术。如航天员选拔培训和医监医保及其评价技术、高可靠高安全的载人运载火箭技术、满足载人要求的载人飞船技术、载人航天发射技术、载人飞行测控通信以及飞行控制技术、正常及应急情况的航天员搜救技术、多种有效载荷及其支持平台技术等。载人航天工程的成功实施，为空间实验室工程积累了经验，做好了技术准备。

与此同时，我国突破并掌握了载人航天领域的一大批关键技术，如：载人运载火箭和载人飞船的可靠性增长技术、逃逸与应急救生技术、环境控制与生命保障技术、舱内航天服技术、升力控制返回再入技术、航天员手动控制技术、多任务多分离面的大型整流罩技术、新型测试发射技术、与国际接轨的 S 波段统一测控通信网技术等。

在飞船轨道舱和附加段装有一些参试设备，如微重力测量仪、高能电子探测器和高能质子重离子探测器等。轨道舱留轨运行满 6 个月，共环绕地球飞行近 2 700 圈，达到了预期设计寿命，先后进行了一系列空间环境监测和空间定位等科学实验、科学探测与研究，获取了一批具有国际领先水平的科学和应用成果，全面提升了我国空间科学研究和技术发展的水平。

神舟 5 号任务是我国实施的首次载人航天飞行任务，它的圆满成功，标志着我国突破和掌握了载人航天的基本技术，完成和实现了中国载人航天工程第一步的计划和目标。

7. 多人多天多亮点
—— 神舟 6 号飞行纪实

2005 年 10 月 12 日上午 9 时，费俊龙和聂海胜 2 名航天员乘坐神舟 6 号飞船飞向太空。5 天后，神舟 6 号飞船返回舱于 10 月 17 日凌晨 4 时 33 分安全着陆在内蒙古四子王旗阿木古郎牧场的主着陆场。

（1）任务概况

神舟 6 号飞行的主要目的和特点是：将 2 名航天员安全送入太空，在轨运行 5 天完成预定任务后安全返回地面；考核 2 名航天员在轨运行 5 ～7 天条件下的保障能力，获取有关数据。

在轨飞行期间，航天员脱舱内航天服进入轨道舱，完成规定的操作和试验内容；航天员通过无线信道每圈均可与地面进行通信联系，在测控区内，地面接收航天员生理和图像信息，监视航天员的生理状态和活动情况，并指示航天员完成必要的操作。在需要的时候，航天员可以按照预先规定的程序和地面指令手动补发重要指令；在运行段出现应急情况时可以自主应急返回；在制动返回段出现故障情况下，可以实施人工控制返回。图 6－25 为神舟 6 号在轨飞行示意图。

在航天员乘组的选定方面，先完成了飞行乘组的初选工作，选出了 5 组共 10 名航天员；实施了飞行乘组的复选工作，并对复选出的 3 组 6 名航天员进行了强化训练；实施了飞行乘组的定选，确定了 3 个乘组的排序；发射前 2 天最终确定执行神舟 6 号飞行任务的航天员乘组为费俊龙、聂海胜。

神舟 6 号完成了预定的三大飞行任务：一是继续突破载人航天的基本技术，比如多人多天太空飞行技术；二是继续进行空间科学实验。与前几次航天飞行任务不同的是，神舟 6 号上

图6－25 神舟6号遨游太空

进行的实验是中国第一次有人参与的空间科学实验；三是继续考核和完善工程各系统的性能。所以，与神舟5号相比，神舟6号飞行任务主要变化有三个：一是航天员人数从1人到2人，二是飞行天数从1天到5天，三是航天员首次从返回舱到轨道舱。

神舟6号全面验证和考核了载人飞船的生命保障功能。它的核心任务是突破四大基本技术。

一是较长时间的环境控制技术，如舱内除湿、二氧化碳比例控制等。

二是多人多天的生命保障技术。航天员在太空中的基本生活问题必须解决，多人多天在轨飞行中要保证航天员吃上热饭热菜、喝上热水，大小便收集装置要保证不能让气味发散出去，睡袋则要让航天员在太空中能够安睡。

三是长时间的医学监督医务保障技术。航天员唾液、小便都留样保存，用于研究航天员的内分泌状况，为航天医监医保提供第一手资料。航天员本身也是受试对象，随身携带大量传感器，每时每刻检测心电、血压、呼吸、心率，这些数据将及时传到地面，以便地面医生了解在各种情况下的人体反应，考验和解决太空运动病问题。

四是人、船运动的相互协调技术。航天员在舱内完成许多动作：脱换舱内航天服、穿舱活动、直接操作实验等，每一个动作都对飞船运行有扰动影响。人船之间的相互协调性是神舟6号重点研究的问题。

从神舟1号到神舟5号的飞行都成功了，但成功并不意味着成熟。所以像前5次飞行一样，神舟6号也具有考核各系统、发现不足，从而进一步完善各系统性能的任务。

神舟6号与神舟5号飞船的主要技术状态一致，结构没有改变。不同的是，神舟6号飞船在设计上优化了全船配置，减小了结构质量，合理安排了新增设备在轨飞行工作模式，保证了飞船的能量平衡，进一步提高了飞船的可靠性和安全性。

另外，由于飞行时间长，航天员多，神舟6号飞船在空气成分保证、温度保证、湿度保证等方面和1人1天的太空飞行有所不同。同时，神舟6号还首次让2位航天员脱下舱内航天服，换穿工作服，打开返回舱舱门，进入轨道舱进行了科学实验和技术试验，包括穿舱试验、工效学评价试验、轨道舱设备操作试验等一系列重要科技试验活动，全面考核了轨道舱的设计水平，检验了舱内环境控制与生命保障系统等关键技术的可靠性，为我国载人航天后续任务打下重要的技术基础。

（2）主要亮点

神舟6号飞船入轨自主运行期间，舱内温湿度控制满足要求，两舱温湿度均匀；进入测控区后能清晰收到航天员图像，并正常切换至航天员手持摄像机和轨道舱摄像机图像；上行话音航天员主观感觉清晰，地面收听下行话音清晰；通话质量良好。由于本次任务有2名航天员参与，因此考核了以往试验未曾考核的混合通话功能，通话质量良好。飞行全程仪表系统手控设备支持航天员发出手控指令全部正确。照明设备在飞行全程亮度满足要求。

航天员飞行乘组在轨执行了飞船操作、天地通信、摄影摄像、航天服穿脱、在轨试验、生活照料等任务。飞行乘组根据飞行手册的安排以及飞控要求，实施了舱内外特定项目的拍摄，

图 6-26 神舟 6 号航天员在返回舱内工作

拍摄内容包括舱内外图像、舱内设备、在轨试验、航天员就餐、睡眠等。飞控任务期间，航天员系统与飞行乘组之间共进行了 50 次通话。轨道运行段航天员按照正常飞行手册的安排进行作息。依据飞行手册及飞控要求，飞行乘组完成了返回舱舱门检漏、返回舱穿脱航天服、穿舱、轨道舱抽吸冷凝水和轨道舱穿脱航天服等在轨试验和操作，还完成了各项操作和监视任务。根据航天员系统飞行任务工效学评价需求，飞行乘组在轨实施了部分工效试验，包括转体、弯腰、翻转等，并对部分项目进行了拍摄。图 6-26 为神舟 6 号航天员在返回舱内工作的场景。

在飞行任务期间，测控通信系统按飞控计划与航天员进行了通话，通过生理遥测参数和电视图像监视航天员的身体状态，对飞船进行了跟踪测量和监视控制。圆满完成了与航天员通信联络及图像接收处理、测控计划生成、遥测数据接收与处理、遥控与数据注入、轨道控制与确定、天地校时等任务。

在飞船系统方面，返回舱舱门的开关操作是重中之重，因为航天员要首次打开返回舱的舱门到轨道舱中工作，所以舱门的性能与质量要真正经受考验。不仅要开关自如，而且密封性要非常好，如果密封性能不好而出现漏气，在返回时就会威胁到航天员的生命安全。图 6-27 为航天员进行开关舱门训练。

神舟 6 号返回舱的舱门有多道保险：①装有防误开锁。飞船在发射或返回时振动很大，为了避免把关好的舱门误打开，舱门上有一把特殊的锁——防误开锁，它既安全可靠，又容易操作。航天员按照设计好的动作操作，把拉手转到一个固定位置，形成解锁状态，门就能被打开。②采取多道密封措施。每个密封环节都采用了冗余技术，能保证关上舱门后密封性百分之百达到要求。③特殊的舱门清洁布。为将微小多余物擦拭掉，保证舱门的密封性，科研人员花费了数月时间研制了一种用特殊材料制成的舱门清洁布，它具有不掉小纤维多余物、不产生静电、不残留水迹、无挥发物，对人体无害、无毒等优点。④能快速检漏。为了验证舱门的密封性，设计师研制了快速检漏设备。常规的保压检漏方法需要很长时间，甚至一天才能得出检测结果；快速检漏设备在关闭舱门 10 分钟左右就能完成舱门的密封检测，确认舱门是否关好。⑤进行环境模拟试验。包括在失重状态下航天员开关舱门模拟试验和舱门密封性能模拟试验。为了让航天员在失重的状态下用得上力，舱门附近设有助力点，方便航天员的操作。

因为神舟 6 号运行时间长，载人多，并且航天员要进入轨道舱生活、工作，为此，神舟 6 号飞船首次全面启动了环境控制和生命保障系统。基于 2 人 5 天的飞行任务，神舟 6 号准备了足量甚至余量的食品、水、睡袋等。食品柜置于轨道舱中（神舟 5 号时处于空置状态），舱内的氧气、温度和湿度可自动感应调节。

在轨道舱使用功能方面有了改进。除了航天员的生活必需品(如餐具)外，在轨道舱中还首次挂有 1 个睡袋，供 2 名航天员轮流休息使用，考虑到人在地面养成的习惯，所以通过睡袋人为地制造一种“床”的感觉，以免航天员睡觉时产生坠入深渊的错觉；首次装有“太空马桶”，即大小便收集装置；首次装有热

图 6–27 航天员进行开关舱门训练

图6-28 神舟6号航天员穿舱模拟图

饭用的电加热器；轨道舱中还有一个专门的清洁用品柜，航天员可以用里面的湿巾等物品进行保洁。

由于神舟6号的航天员要进行穿舱等活动，因而会对飞船产生较大的扰动力。图6-28为神舟6号航天员穿舱模拟图。为此，科研人员对飞船的制导导航与控制系统进行了新的改进，做到了航天员“你动你的”，飞船“我飞我的”。

10月13日，航天员先后进行了开关舱门、穿脱舱内航天服、穿舱、抽取冷凝水四大项“在轨干扰力”试验，结果表明，航天员较大幅度的动作对飞船姿态影响微小，飞船姿态保持良好。

试验结果让航天员敢于在太空中做一些幅度较大的动作，如费俊龙完成穿舱试验后，曾轻松地在返回舱的两个舷窗间较快地飘来飘去，拿着照相机以不同角度拍摄美丽的地球，甚至作了几个空翻。

神舟6号飞船不仅更安全，而且更舒适。其舱内人性化“装修”主要表现在：根据颜色疲劳度，考虑到暖色让人烦躁、冷色让人孤独，舱内采用中性色彩设计；对舱内设备的棱角进行处理，以免对航天员造成伤害；舱内仪器、设备按钮有防误操作设计；舱内计算机屏幕、字体大小的设计，均考虑到航天员的视觉效果；航天员食品与饮用水的安放位置、睡袋摆放位置以及大小便收集装置摆放位置等，均根据专家及航天员的意见与建议进行多次改进、完善，尤其是大小便收集装置在除异味方面效果非常显著。

为照顾航天员的习惯，轨道舱舱壁涂上了不同的颜色。代表“天”的部分涂成米黄色，代表“地”的部分涂成深棕色，中间是过渡色。舱内使用冷光源的荧光灯，明亮而不刺眼，灯管外面配置了有机玻璃灯罩，使亮度二次均匀分布，保证舱内颜色不失真。飞船上各种按钮和开关的尺寸都比地面上的大，之间的间隙也很大，以免航天员戴着手套触摸不方便。

杨利伟曾反映神舟 5 号飞船两个小的技术细节需要改进：一是返回舱舷窗的位置让他在观察时感到别扭；二是飞船上用来收集杂物的袋子，地面上感觉用拉链比较方便，太空中的实际感受却是用绳子系口的方式更方便。根据杨利伟的意见，在神舟 6 号飞船上，调整了航天员座椅与舷窗的相对位置，并为航天员制定了如何找到最佳观察位置的办法；重新生产的用来收集零散物品的袋子，封口处也都尽量改成了尼龙搭扣。

舱内设计力求人性化，各种数据一旦超标，监控设备就会自动发出语音报警，并通过颜色、语音等，提醒航天员采取相应对策。为了避免误操作，舱内的指令按钮都是采用按键方式。设计人员准备了 140 多条应对故障的措施，而需要由航天员亲自处理的不到 50 条，其余的故障均由地面发送指令进行处理。

为了应对飞船着陆在恶劣环境地区的情况，舱内还为航天员准备了救生艇，抗浸防寒服，以及求生期间需要的食品、饮水、工具、信号弹等物品；为了安全，还准备了手枪、刀具、野外生存用品、电台等。

神舟 6 号的“黑匣子”（图 6–29）性能比神舟 5 号的更完善，不仅存储容量增加了，数

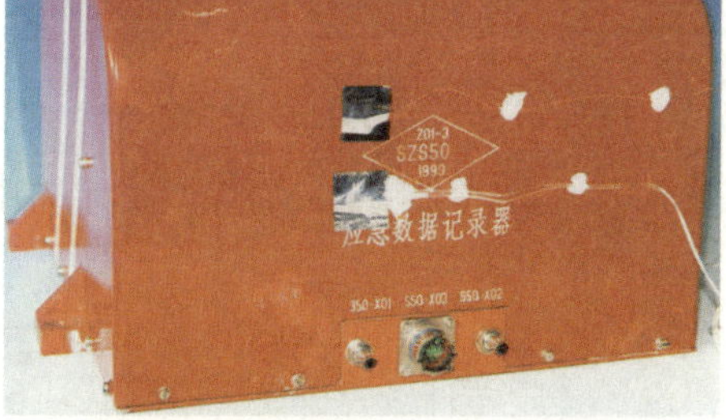

图 6–29 装在飞船返回舱座椅下的橘红色“黑匣子”

知识链接

黑匣子

所谓“黑匣子”，是用于记录飞船飞行重要数据的载体。飞船返回时，由于与大气摩擦，会产生等离子体，使飞船有一段时间处于“黑障”状态，即飞船与地面通信中断，这个时段的飞行数据只能通过“黑匣子”记录。飞船在回收着陆段很难遥测的一些参数，如着陆反推火箭是否正常点火等，也需要“黑匣子”来记录。

据的写入和读出速度也提高了，体积却不到原来的一半，还采用了特殊的装甲防护。

在火箭系统方面，用于发射神舟6号的长征2F火箭进行了多项技术改进，其中三项最突出：一是安装了图像实时测量系统，即摄像系统，使工作人员在地面能实时而清楚地监测火箭助推器分离、级间分离、整流罩分离、船箭分离等关键动作；二是在飞船的逃逸塔上增加了安全点火装置，加大了对航天员的安全保障；三是减小了发射段的振动。在神舟5号发射过程中，有一段时间火箭与飞船的振动比较大，改进后，神舟6号发射时比较平稳。

根据神舟6号飞行任务的变化和特点，着陆场系统装备了新的“利器”：①大型光学实况记录系统。②医监医保直升机。这次任务中首次将医监医保设备装载到了直升机上，确保空中搜索救援分队不用等待地面车辆到来就可以独立完成医监医保工作。与神舟5号着陆场系统相比，神舟6号飞行任务最大的不同在于首次全面启用了位于酒泉附近的副着陆场，因为目前的技术条件限制，还无法对多天内的气象变化进行精确预报，因此，在选择飞船着陆时间时，无法保证主着陆场的气象条件届时一定适合降落，而此次启用的副着陆场与位于内蒙古中部草原四子王旗的主着陆场相隔1 000千米，可以起到气象备份的作用。主、副着陆场都配备了必要的搜救装备和人员，在飞船运行期间都全面启动，做好迎接飞船着陆的准备。

图6–30 神舟6号航天员凯旋

（3）成果连连

神舟6号飞行任务首次进行了有人参与的空间实验，初步掌握了多人多天在轨飞行技术，获得了大量数据，积累了宝贵经验。其主要特点有：

圆满完成了首次多人多天载人飞行任务，第一次进行了有人参与的空间科学和技术试验，第一次对飞船载人环境进行了较长时间和较大负荷的考核，第一次获得了航天员在轨较长时间工作和生活的医学和工程数据，为载人航天积累了宝贵的经验。2 名航天员表现出色，完成了所有的试验任务，生理和心理状态良好，返回后自主健康出舱（图6－30）。

航天员系统对神舟6 号飞船的医学和工效学要求以及评价项目设计合理，分析了航天环境因素对人体的影响。各阶段航天员乘组梯队选拔方案科学、合理、可行，提供了合格的航天员乘组，为今后的任务打下了坚实基础。

应用系统对有效载荷公用设备的工作性能和可靠性得到进一步考核；进行了空间环境监测，准确发布了空间环境预报和警报。

飞船系统获取了航天员在微重力环境下的活动特征及典型在轨活动的干扰力矩；检验了舱内电气系统防潮技术及能力；为多人多天飞行提供了生活与工作条件，为有效载荷提供了符合要求的空间科学实验条件；具备了在轨自主或人工控制返回地面的功能。

火箭系统搭载的图像实时测量系统出色完成了任务要求，首次获得了清晰的助推器分离、级间分离、整流罩分离、船箭分离等关键飞行动作图像，为图像实时测量系统的进一步应用奠定了基础。图6－31 为长征2F 火箭发射神舟6 号的场景。

发射场系统提高了操作水平，具备实施待发段紧急撤离和零高度逃逸救生的判决、控制和指挥功能。

测控通信系统完善了地面与航天员之间的双向话音链路，提供了调度指挥及通信保障，新调整部分在任务中得到了考核。

着陆场系统首次以全状态参加神舟6 号飞行任务，首次获取了飞船返回着陆过程的实况景像，高效有序地完成了航天员搜救任务。

在神舟5 号飞行中，杨利伟仅在返回舱工作，未进入轨道

图6-31 经改进的长征2F火箭成功发射神舟6号飞船

舱使用生活设施，也没有进行空间科学实验操作。而神舟6号的2名航天员从返回舱进入到轨道舱，开关舱门、穿脱压力服、操作各种设备，以验证人的行动是否会对飞船的姿态构成影响，并且还在轨道舱交替进行了对地观测、海洋污染监测、大

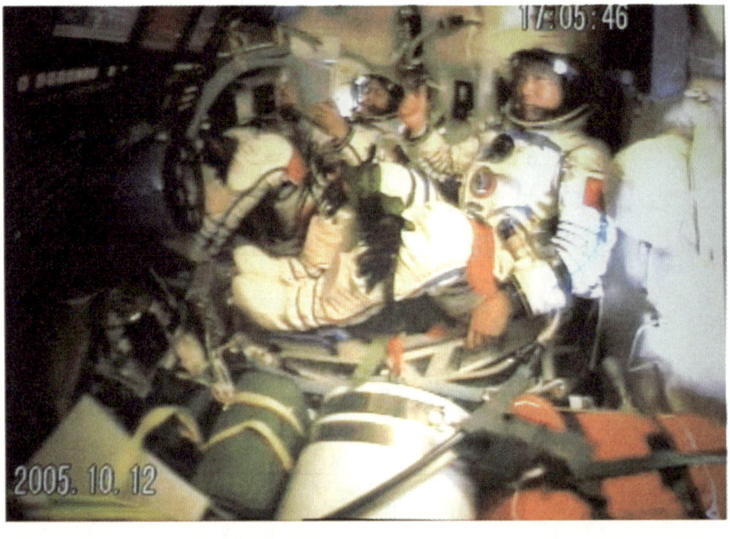

图6-32 航天员费俊龙(右)做好穿舱试验的各项准备后自信地竖起大拇指

气状况监测、植被状况监测，以及生命科学、材料科学等方面的科学实验。图 6－32 为做好了穿舱试验准备工作的神舟 6 号航天员。

如果没有人的参与，科学实验的内容和效果会受到很大限制，所以说，航天员的参与将使空间科学实验实现质的飞跃。神舟 6 号航天员在太空中完成了多项工作和实验：一是对飞船运行状况进行监测和管理；二是对有些重要指令进行手动操作；三是完成一些在轨实验项目，包括从分子细胞生物学角度探索人在太空中的生理变化规律、人在失重环境状态下的运动规律；四是航天员要检测自身生理状况，并及时向地面通话报告；五是对航天员的太空运动病问题进行考核评价。

神舟 6 号航天员费俊龙和聂海胜在轨飞行期间，进行了大量工效学评价试验和在轨试验，以及空间细胞生命科学实验等一系列重要科学实验活动，获取了大量空间科学实验数据，为后续载人航天飞行任务提供了重要经验和改进依据。

8. 太空漫步谱新篇
——神舟 7 号飞行纪实

2008 年 9 月 25 日 21 时 10 分，中国第 3 艘载人飞船——神舟 7 号把翟志刚、刘伯明、景海鹏 3 名航天员顺利送入太空，这 3 位都属马的中国航天员开始了天马行空般的太空旅行。飞船历时 2 天 20 小时 27 分，在太空预定轨道绕地球飞行 45 圈后，于 28 日 17 时 37 分成功降落在内蒙古中部预定区域。此次任务实现了准确入轨、正常运行、出舱活动圆满、（航天员）安全健康返回的 4 个目标。

（1）任务概况

神舟 7 号飞船此行有四大任务。

一是实施我国航天员的首次出舱活动，我国自主研制的用于保障航天员完成出舱活动任务的气闸舱和舱外航天服这 2 项关键技术将经受实践的考验。另外，出舱航天员还要把舱

图6-33 神舟7号航天员出舱示意图

外的固体润滑材料等试验样品带回舱内，以供科学家研究太空环境对这些样品的影响，从而寻找进一步提高材料性能和寿命的方法。图6－33为神舟7号航天员出舱示意图。

二是神舟7号飞船首次满载3名航天员，进行3人3天的空间飞行，满负荷、全方位地考核载人航天工程总体及各个系统。与神舟6号飞船相比，在多增加1人的情况下，神舟7号飞船要提供相应的座椅、食品、饮用水、环境控制功能等多种资源支持。

三是在飞行期间释放1颗质量约为40千克的伴飞小卫星（图6－34），这是我国第一次从一个航天器上释放另一个航天器，用以验证在轨释放技术，也考核在释放以后能否成为飞船的伴飞卫星，以便更好地观测飞船，同时检验地面测控网对两个航天器相对运动的测控能力。

四是进行卫星通信链路的新技术试验。神舟7号飞船上安装的中继卫星终端将首次与天链1号中继卫星进行中继链路试验，为今后进行载人航天交会对接等对测控覆盖要求更高的活动奠定基础。

图6-34 神舟7号飞船的伴飞小卫星

这次任务按照阳照区出舱的原则确定发射窗口，航天员在飞船飞行第27圈时开始进行出舱准备活动；在第29～30圈的约47分钟连续测控弧段内，进行出舱活动；出舱活动结束后，恢复轨道舱环境，释放伴飞卫星；在出舱活动前后，进行海事终端在轨测试和天链卫星船载终端数据中继试验；飞船共飞行3天，第45圈执行返回程序。

神舟7号航天员的具体出舱过程分为4个阶段：在轨组装、检查与训练阶段；出舱准备与过闸阶段，舱外活动阶段；返回过闸阶段。其中，最危险和最难的是舱外活动阶段。

飞船发射时，舱外航天服已被打包固定在轨道舱内壁上，因此航天员在穿舱外航天服前首先要启封包装。然后，把各部分组合成一件完整的舱外航天服，再把净化器、氧瓶、电池、无线电遥测装置等可更换部件装到舱外航天服上。在飞行至第10～19圈时，进入轨道舱的翟志刚、刘伯明分别组装与检测各自要穿着的飞天舱外航天服和海鹰舱外航天服，同时检查气闸舱内的仪器设备。接着，航天员对舱外航天服液路系统进行检查和确认，把2套服装的电脐带与舱载设备进行连接，再加电测试。经地面对检查结果确认后，翟志刚、刘伯明穿好生理背心，戴好通信头盔，打开舱外照明灯，与位于返回舱的景海鹏共同进行有线通信、照明和摄像检查与数据传输检查，并向地面报告情况。经地面确认后，翟志刚和刘伯明检查并设置舱外航天服和舱载对接系统状态，然后2人分别“钻”进飞天舱外航天服和海鹰舱外航天服，关闭舱外航天服背包门，检查舱外航天服及舱载对接系统控制机构及气密性，调节服装尺寸。在“穿衣”的过程中，2名航天员互相配合，一人操作时，另一人就读操作手册并进行确认，以确保所有操作万无一失。

一切正常后，航天员开始进行移动训练和各种模拟操作，以逐步适应太空微重力工作环境，提高出舱活动适应能力，顺利完成舱外活动等试验任务。在约100分钟的在轨训练中，航天员把整个在轨准备和舱外活动预演一遍，以进一步熟悉出舱程序，但运动量不宜过大。在此期间，景海鹏不间断地监视飞船运行状况并及时向地面报告，对返回舱进行首次抽吸冷凝水处理工作。这些工作结束后，翟志刚、刘伯明休息几个小时。

在出舱准备与过闸阶段，航天员要做的第1件事就是把轨道舱里不能耐受低压及辐射的物品转移到返回舱。这些物品包括食品、供水器、饮水嘴、尿液储箱管路、手持摄像机、医学检查用的血乳酸仪等。在这些搬运工作完成后，返回舱与轨道舱之间的舱门关闭。飞船飞行至第27～29圈时，翟志刚、刘伯明进行轨道舱氧浓度预控；依次穿舱外航天服并关闭生命保障系统背包，再检查航天服和舱载对接系统的状态及气密性。

由于太空为真空状态，因此在出舱前舱外航天服加压的过程中，轨道舱慢慢泄压，与此同时，航天员进行约30分钟的吸氧排氮。轨道舱气压泄至3千帕时，舱外航天服与飞船的气液组合连接器断开，航天服转入完全自主供氧和冷却，即由舱载生保系统供给转为自主生保系统供给。此时，舱外航天服内的压力是40千帕，这是人体能够承受而又保证灵活性与气密性的压力值，轨道舱气压则逐渐接近真空。最后，翟志刚、刘伯明进行出舱前例行检查，带上出舱活动的安全系绳及其挂钩，打开舱外照明灯和摄像机，做好出舱状态确认，经地面批准后打开气闸舱的外舱门。

轨道舱气压降至约2千帕时，就可以打开气闸舱的外舱门了。其过程是：首先解锁，然后拉着舱门的手柄转动60°，这时舱门和门框之间出现一条缝隙，舱内剩余气体将进一步外泄，等

图6–35 航天员翟志刚正在检查出舱挂钩

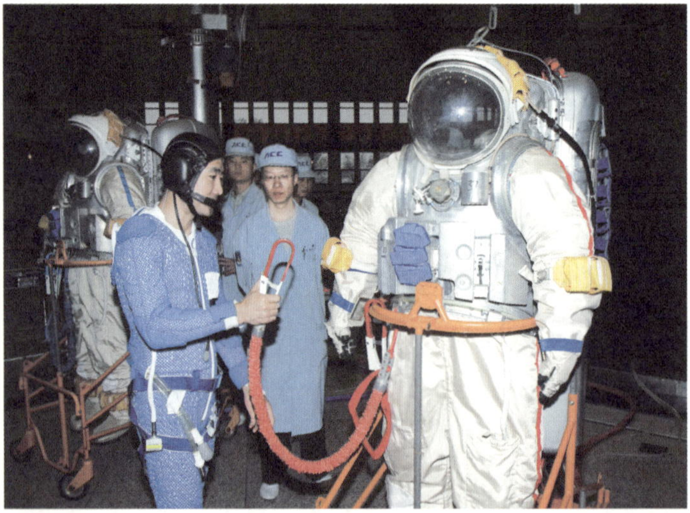

到舱内外压力基本平衡了，再把舱门完全打开。打开舱门、出舱之前，航天员还要给舱门罩上一个保护罩，以防止在出舱过程中发生剐蹭。上述动作都是航天员靠单手完成的，因为另外一只手始终需要固定身体。图6-35为航天员正在检查出舱挂钩。

图6–36 翟志刚出舱时挥手致意

9月27日16时34分，航天员开始开舱门，至16时41分舱门完全打开，16时44分，翟志刚身体出舱（图6-36）。在舱外活动阶段，头先脚后是航天员出舱的“标准动作”。翟志刚半个身子探出去后，首先对着推进舱上的摄像机镜头展示我国国旗，然后借助舱外活动扶手拴系安全挂钩，沿轨道舱外壁活动，取下放置在轨道舱外壁上的固体润滑材料和太阳电池基底薄膜材料暴露试验样品，递给舱内的刘伯明。固体润滑材料是在飞船发射前安装在飞船外舱壁上的，至航天员出舱取回时，材料预计在太空暴露40小时以上，国外的经验表明，暴露40小时以上即可获得试验效果。

完成上述操作后，翟志刚沿着轨道舱壁活动。他身上有2条安全系绳与飞船相连，每步操作之前，都要先把一根安全系绳的挂钩固定在舱壁的扶手上，然后再移动另外一根安全系绳的挂钩。挂钩严格地交替换位对于出舱活动是非常重要的。在失重环境中，身体没有任何可以依靠的发力点。因此，航天员只能在安全系绳挂钩的帮助下，通过手在飞船舱壁把手上的位置改变来实现身体的移动。结束舱外活动后，翟志刚回到轨道舱，舱外活动全程持续约19分钟。

返回过闸阶段与出舱相反，航天员在返回轨道舱时，采用脚先头后的姿势。然后进行一系列与出舱相反的程序——关舱门和轨道舱复压。直到轨道舱内压力恢复后，航天员才能慢慢脱下舱外航天服。其具体操作过程如下：航天员关舱门后打开复压阀复压并开始检漏，当真空压力表显示舱压为40千帕后复压阀关闭；航天员进行舱内舱外过渡状态的切换，当舱外航天服增压至80千帕，轨道舱复压也达到80千帕时，航天员恢复舱内工作状态；此后，翟志刚、刘伯明断开舱载生保系统，脱掉舱外航天服。当轨道舱与返回舱压力一致后，两舱之间的舱门打开，翟志刚、刘伯明回到返回舱，3名航天员会合。然后，关闭两舱之间的舱门，至此，出舱活动全部结束。

在飞船第31圈飞行中，航天员发出伴飞卫星释放指令，伴飞卫星正常释放，分离时释放机构产生的姿态扰动小于设计值，飞船姿控正常。伴飞卫星释放后，对飞船进行了照相和视频观测，并下传所拍摄的飞船视频和照片，经处理图像清晰。释放后伴飞卫星轨道逐渐远离飞船，飞船返回前伴飞卫星与飞船的距离已达154千米。

完成预定任务后，3名航天员乘坐神舟7号飞船返回舱于9月28日安全着陆在主着陆场。

航天员安全返回后，经过6次轨控，伴飞卫星于10月5日形成对轨道舱绕飞。

（2）主要亮点

神舟7号任务是我国载人航天飞行的一座新里程碑。其特点和难点主要体现在5个方面：①技术跨越比较大。要在短期内研制舱外航天服和重新设计作为气闸舱的轨道舱，进而突破出舱技术。图6-37为神舟7号的舱载复压气瓶。②风险比较大。

图6-37 安装、检测神舟7号的舱载复压气瓶

一是对整个飞船所有能力的考核，生命保障等各个系统要满足满负荷要求；二是因为我国航天员在发射后的第2天就出舱，而依据国际经验，航天员大多是上天72小时后才出舱，以预防太空运动病的影响。③难度比较大。包括技术上的难度和航天员心理方面的难度。④航天员的自主性很强。出舱航天员是这次出舱成败的关键因素之一，他要进行舱外航天服的拆包、组装、测试、穿脱、出舱，然后再取回试验材料。⑤任务规模比较大。单从测控通信系统来说，要保证航天员20～30分钟出舱的安全，地面要提供约40分钟的连续测控覆盖。

在飞船系统方面，神舟7号飞船按照3人代谢指标设计供氧、气体净化和温湿度控制能力，并按5天飞行进行相应的配置；在满足设备布局的基础上，提供可容纳3名航天员生活和工作的空间，按照3人配置航天员使用的通信头戴、座椅等设备，并进行医学工效学评价。设计3人协同关系程序，改变了待发段进舱、座舱配气、天地话音检查等工作的操作程序、时序和指挥协同关系，改变了正常和故障情况下航天员手动处理的处置程序，增加了3名航天员间的分工和配合，增加了3名航天员在出舱活动过程中协同工作程序。飞行任务表明，消耗品的配置满足3人5天的消耗需要且余量适度，整个飞行过程中的力学环境、气体环境、声学环境、温湿度环境、空间环境、操作环境、生活环境均满足要求，飞行程序正确、合理，飞船具备安全承载3人执行飞行任务的能力。

神舟7号飞船充分继承了我国载人飞船的成熟技术，仍由轨道舱、返回舱和推进舱组成。但为适应出舱活动任务，对轨道舱进行了全新设计，使其同时具备出舱活动的气闸舱和航天员生活舱的功能，取消了留轨功能。首次采用气闸舱与生活舱一体化的轨道舱，增加了轨道舱舱内气压泄除和恢复、舱外航天服支持、舱外通信、舱内外图像采集和照明，以及气体净化装置和消耗品配置等大量相关功能。它装有复压气瓶、2套舱外航天服、泄复压控制设备、出舱活动操作显示界面、出舱活动通信系统、照明和摄像装置、舱外航天服接口支持系统等舱载支持设备，能为航天员出舱活动提供电力、氧气和泄复压等保障，同时还提供睡袋、食品加热、个人生活用品、个人卫生装置等生活设施，并能同时容纳2 人工作和休息。为此，气闸舱电路的排布、防热的措施、火工品的设计、软硬件系统的接口等都要重新设计。神舟 7 号验证的气闸舱相关技术将在未来的空间站上得到应用。图 6－38 为神舟 7 号轨道舱进行热平衡和泄复压试验。

在轨成功试验了神舟 7 号飞船上搭载的中继卫星终端，以验证中继卫星系统的性能及其与飞船、任务中心之间的协调性，为后续载人航天飞行任务使用中继卫星系统奠定了基础。进行神舟 7 号与天链 1 号中继卫星间的中继链路试验十分有意义。天链 1 号卫星在高 36 000 千米、倾角为 0° 的轨道上，而神舟 7 号在距地面 350 千米，倾角为 42° 的轨道上，在 2 颗相对运动复杂、倾角各异的空间飞行器间进行无线通信，在我国尚属首次。这次试验的成功，大大提高了我国中低轨道航天器的测控覆盖能力，测控覆盖率由原来的 13%提高到 45%左右。

因为要完成出舱活动任务，所以对飞船的通信环节提出了

图 6–38 对神舟 7 号兼有气闸功能的轨道舱进行热平衡和泄复压试验

更高的要求。与神舟6号相比，神舟7号在轨道舱、推进舱的舱体外安设了2台摄像机，用于观测航天员在舱外活动的全过程，航天员在附近行走的动作也可尽收眼底。摄像机形态为长方体，比家用小摄像机还轻许多，像两只精巧的小“眼睛”，不仅“明亮”，同时还能应对极端温度、真空、辐射、粒子等空间环境。航天员舱外活动的动作能清晰地传回地面，离不开这两只“眼睛”的率先探视。图6－39为翟志刚在舱外挥舞国旗。

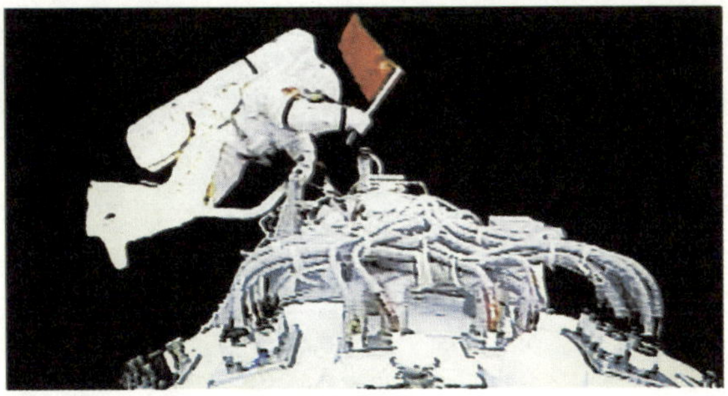

图6-39 翟志刚在舱外挥舞国旗

为了保证航天员在舱外活动期间的可靠性和安全性，在航天员舱外活动期间必须要有地面测控与通信的支持，地面测控与通信覆盖率应接近100%。为此，设计师们选择了神舟7号飞行的第28圈，也就是飞船先后飞经远望3号测量船、纳米比亚站、马林迪站、卡拉奇站、国内测控站至远望5号测量船的测控弧段出舱。此外，要求航天员出舱的弧段在阳照区，这样，太阳照在地球上的反射光可以照在飞船轨道舱舱门附近，便于拍摄出质量良好的图像和保证航天员的安全。为此，只有在晚上的发射窗口发射，才能满足舱外活动时处于阳照区的要求。

航天员系统中最大的亮点就是我国自己研制并在出舱活动中使用的飞天舱外航天服（图6－40）。其质量为120千克，单套价值高达3 000万元人民币，可靠系数为0.997，可支持至少4小时的舱外活动，能重复使用5次以上，应急供氧时间多于30分钟。它最高能达到2米，配有1.30米高的生命保障系统背包，能供身高1.6～1.8米的航天员使用。

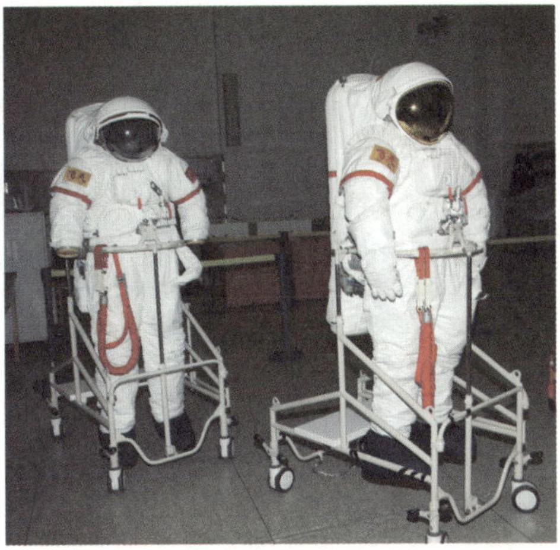

图6-40 中国飞天舱外航天服

飞天舱外航天服采用了整体拟人形态半硬式密封结构（即从腰部以上的躯干是硬式结构，四肢为软式结构），以及后背铰链门式穿脱机构；采用闭式循环非再生式

图6-41 航天员准备进入中性浮力水槽，进行出舱训练

环控生保系统，由高压氧瓶供氧，使用40千帕纯氧压力制度，主要采用水升华器技术实现主动热防护；遥测与控制系统把舱外航天服的工程参数、航天员的生理参数和话音信号，利用脐带方式有线下传或遥测设备无线下传；可由“脐带”模式舱载供电，也能由服装电池自主供电。图6-41为航天员准备进入中性浮力水槽，进行出舱训练。

在应用系统方面，神舟7号飞行任务主要完成了下述3项空间科学研究与试验。

图6-42 伴飞小卫星拍摄的神舟7号飞船

1）首次释放1颗伴飞小卫星（图6-42）。航天员安全返回后，9月29日到10月5日期间，伴飞卫星完成了远距离接近控制、近距离逼近控制和绕飞形成控制，10月5日形成对轨道舱绕飞。10月7日伴飞卫星又进行了1次绕飞保持控制。伴飞卫星圆满完成了对轨道舱绕飞的飞行试验任务。

2）顺利开展了固体润滑材料和太阳电池基板材料太空暴露试验，以研究外太空环境引起材料特性衰变、改性的机理，探索用于提高航

图6–43 神舟7号航天员出舱取回试验样品

天飞行产品中机械运动部件固体润滑材料性能的技术途径。图6–43为神舟7号航天员出舱取回试验样品。

3）搭载了多种生物样品，比以往历次搭载的品种更多、涉及学科领域更广、研究课题规格更高、潜在的产业化经济价值更大。

在运载火箭系统方面，与发射神舟6号的长征2F火箭相比，用于发射神舟7号的长征2F火箭共有36项技术改进，进一步提高了可靠性和安全性。主要表现在以下3个方面：①火箭的二级增压管路材料由铝换成了钢，使其在高温下的强度得到提高。②为了进一步减少发射时的振动，对发动机输送管路上的蓄压器进行改进，提高了航天员在舱内的舒适性。③在火箭二级的尾舱部位又增加了1个摄像头，通过它可以观察到火箭第1、2级的分离过程，还能看到第2级发动机的工作、点火情况。新增摄像头与分别装配在整流罩内和火箭箭体外的另外2个摄像头一起，获得和记录火箭主要飞行的动作和全过程，为地面最直观地显示火箭的飞行情况。

在发射场系统系统方面，针对神舟7号任务的特点，发射场系统进行了4个方面的较大改造，以进一步提高发射的可靠性和安全性。①对火箭推进剂加注系统的流量计进行更新，并增加了可以提供相互验证功能的备份流量计，这样既确保了推进剂加注的稳定和精确性，又提高了加注速度。②对老化的地面辅助设备进行了改造，如把原来只有两个控制挡位的吊车更换为变频吊车。③进行发射模拟训练。以模拟化的手段，实现发射场全系统、全流程、全人员的综合训练，有效地提高了参加航天发射人员的技术水平。④更加重视对可能出现问题的预控。对关键设备的可靠性和安全性进行了全面的量化评估，使操作人员对设备的工作技能、状态、风险做到心中有数，相应的保障措施和应急措施能够提前准备，确保任务万无一失。

在测控通信系统方面，就测控通信规模上来说，神舟 7 号飞船的测控通信超过了之前的任何一次航天任务。参加测控任务的远洋测量船达到了 5 艘，在测量船的使用规模上创造了纪录。国内部分仍旧采用 5 个固定测控站和 2 个活动测控站，但是其中位于主着陆场的活动测控站是首次为测控通信系统提供支持，承担伴飞卫星的测控通信任务。国外测控站则在原来使用的纳比米亚站、马林迪站和卡拉奇站的基础上，增加了智利的圣地亚哥站。此外，参加测控任务的北京航天飞行控制中心、西安卫星测控中心和酒泉卫星发射中心的设备技术状态也有了较大改进。

在着陆场系统方面，与前 6 次任务相比，神舟 7 号着陆场系统在信息获取、快速反应能力、通信等方面都有很大变化。主要体现在以下 5 个方面：①使用机动高效的空中搜救指挥平台。将原“空中为主，地面为辅”的模式改为“空中救援航天员，地面处置返回舱”的组织指挥模式。②优化科学精干的搜救资源。充分利用我国已有的应急机制，最大限度地压缩了地面搜救队伍、车辆和相关设备，在系统内进行了优化整合。③首次应用北斗卫星导航定位系统。在北京任务联合指挥所和主副着陆场配置了指挥型用户终端，在直升机和固定翼飞机等搜救载体上安装机载用户终端。由于北斗卫星导航定位系统兼有短信功能，指挥员可通过短信方式搜集搜救信息和发布指令，实现统一指挥调度，最大限度地实现快速、有效搜索返回舱和营救航天员的目的。④利用可靠有效的无线电测量定位系统。通过新研制的无线电测量定位设备，利用了 GPS 定位系统和北斗卫星导航定位系统，使目标定位更加精准，不管返回舱着陆姿态如何变化、地形如何，在一定距离内的高空、中空和地面的定向设备都能准确捕获到返回舱的信号，确保救援人员在第一时间赶到现场。⑤实施周密安全的返回舱夜间回收。在搜索直升机上安装了机载红外助降设备和大功率搜索探照灯，以保证在距离地面 300～500 米的范围内，驾驶员能够准确辨别地形地貌，可在较大的范围内找到较理想的降落地。

(3) 成果连连

1) 掌握了舱外航天服研制技术。现已拥有了国际先进舱外航天服系统设计、工艺、关键材料、测试与评价方法，突破了舱外航天服关键技术。飞行任务表明飞天舱外航天服工效性能良好，服内环境舒适，安全性可靠性措施有效，其主要性能与国际主流在用舱外航天服接近，达到了国际先进水平。

2) 掌握了气闸舱研制技术。为适应出舱活动任务并兼顾后续载人飞船的需求，神舟 7 号飞船对轨道舱进行了气闸舱与生活舱的一体化设计，研制出了既能满足出舱活动要求、又能兼作航天员生活舱的气闸舱，在此过程中突破并掌握的主要技术有出舱活动空间支持技术、舱外航天服安装技术、出舱舱门技术、气闸舱热控技术、泄复压控制技术、出舱活动无线通信技术、舱外活动照明与摄像技术以及舱载支持技术。飞行任务表明气闸舱工作正常、可靠、安全。图 6－44 为安全返回地面的 3

图 6–44 安全返回地面的 3 名神舟 7 号航天员

名神舟 7 号航天员。

3） 掌握了航天员出舱活动训练技术。通过常压、低压、水下等出舱活动训练，航天员在轨出色地完成了预定的出舱活动任务，突破了模拟水槽和低压环境出舱活动训练关键技术，掌握了出舱活动航天员训练方法、程序、标准和技术。

4） 掌握了出舱活动程序设计与验证技术。设计了完备的出舱活动程序和预案，以及不同预案间的转换与衔接程序，能够与神舟 7 号气闸舱功能、测控条件紧密结合，保证了乘组航天员之间的高效协同，实现了出舱活动关键操作节点的精确可控。

5） 掌握了大型地面设备研制与试验技术。研制了配套的出舱活动程序训练模拟器、模拟失重训练水槽、舱外航天服载人试验舱等大型地面设备和设施。

6） 掌握了出舱活动关键医学问题防护技术。神舟 7 号航天员出舱活动面临空间运动病、减压病、立位耐力下降等关键医学问题。通过实施医学综合防护方案，3 名航天员均没有出现上述医学问题，身体状况良好，圆满完成飞行和出舱任务。在空间运动病防护中，采取将主动防护与被动防护、药物防护与物理防护有机整合，并针对个体特点进行适应性调整的措施，有效防止了空间运动病的发生，为出舱活动的顺利实施提供了重要保障。

7） 掌握了空间伴飞技术。首次实现从飞船上在轨释放小卫星，突破了在轨释放技术；实现了依靠国内测控站测控、依靠雷达和光学设备测轨的新模式，突破了对无源非合作目标伴随飞行的地面控制技术，为后续交会对接任务地面远距离导引进行了有益尝试。

8） 成功开展了有航天员参与的各项空间科学实验，选定的固体润滑试验样品等获得了很有价值的研究数据。

9） 首次验证了我国中继卫星系统在载人航天任务应用的正确性，开辟了天基测控应用新领域。试验成功为中继卫星系统在后续任务中的使用积累了经验、打下了基础。

神舟 7 号飞行任务的圆满成功，创下了中国载人航天飞行中的多项第一。

1） 神舟 7 号航天员翟志刚顺利完成中国航天员第 1 次太空出舱活动，成为中国出舱活动第 1 人。在翟志刚的挥动下，五星红旗也第 1 次在太空飘扬。

2） 为神舟 7 号飞船研制的气闸舱第 1 次在太空应用并获得成功，验证了气闸舱的相关技术，为未来空间站气闸舱研制奠定了基础。

3） 中国研制的第 1 件飞天舱外航天服通过了太空环境的严峻考验。

4） 神舟 7 号航天员在太空出舱期间顺利取回固体润滑材料太空暴露试验样品，完成中国第 1 次可回收固体润滑材料太空暴露试验。

5） 神舟 7 号飞船成功释放 1 颗伴飞小卫星，这是中国研制并在太空释放的第 1 颗空间伴飞卫星，标志着中国成为世界上第 3 个掌握空间释放和绕飞技术的国家。

6） 神舟 7 号飞船与我国首颗数据中继卫星天链 1 号进行了

图6–45 神舟 7 号在轨飞行示意图

第 1 次卫星数据中继试验，为中国构建天地基一体化航天测控通信系统奠定了基础。

7） 3 名中国航天员搭乘神舟 7 号飞船进入太空，这是中国神舟号飞船第 1 次满载“乘客”进行航天飞行。

8） 神舟 7 号着陆场系统第 1 次建立了空中搜救指挥平台，并首次应用北斗试验卫星导航系统，成功开展了神舟 7 号返回舱返回着陆过程的航天员搜救和返回舱处置工作。

9） 在执行神舟 7 号任务中，中国卫星海上测控部新研制的远望 5 号、6 号航天测量船，成功完成了第 1 次载人航天飞行的海上测控通信任务。

神舟 7 号载人航天飞行的圆满成功，标志着我国已成为世界上第 3 个独立掌握空间出舱技术的国家，为实现我国载人航天工程“三步走”发展战略，建立短期有人照料的空间实验室、开展一定规模的空间应用研究进而发展我国空间站，奠定了坚实的科研和技术基础。图 6－45 为神舟 7 号在轨飞行示意图。

第七章

广袤宇宙绘蓝图

—— 中国载人航天技术的前景展望

中国的载人航天工程一直按照1992年确定的发展战略稳步推进。到2008年，经过16年的不懈努力，已圆满完成三次载人航天飞行任务，中国已成为世界上第三个独立掌握载人航天技术和航天员出舱活动技术的国家。不久的将来，中国将会掌握空间交会对接技术，建造空间实验室和空间站，使中国载人航天事业进入更高的新阶段。

1992 年 9 月 21 日中央决定实施中国载人航天工程，并确定了三步走的发展战略。在经历 10 余年的不懈奋斗和共同努力，发射了 4 艘无人飞船之后，2003 年中国首次载人航天飞行任务取得了圆满成功，利用飞船开展了大量的空间应用试验，表明载人航天工程第一步任务目标已顺利完成。

2003 年至 2005 年，在第一步任务顺利实施并胜利完成的同时，总装备部组织进行了我国载人航天工程第二步任务的深入论证，提出了工程第二步第一阶段的主要任务目标：一是实施航天员出舱活动，突破航天员出舱活动技术；二是实施航天器交会对接试验，突破和掌握航天器交会对接技术；三是开展有效的空间应用、空间科学与技术试验；四是为工程进一步的发展创造基本条件。2005 年 2 月，中央批准启动 921 工程第二步第一阶段任务。

2007 年至 2010 年，在第二步第一阶段任务按计划顺利实施的同时，总装备部再次组织对我国载人航天后续任务进行深入论证，整体规划论证了工程第二步第二阶段和第三步任务。根据论证形成的实施重点，将任务的总目标确定为载人空间站工程，编制了《载人空间站工程实施方案》。2010 年 8 月 16 日，中央专委召开会议审议并原则同意《载人空间站工程实施方案》，明确争取到 2020 年前后，建成和运营我国近地载人空间站。2010 年 10 月 25 日，中央政治局常委会召开会议，批准实施我国载人空间站工程。

1. 太空相会在眼前
—— 中国即将掌握交会对接技术

在太空的两个航天器同一时刻以同样的速度到达同一个地点的轨道控制过程称作轨道交会，在太空将两个航天器对接起来形成一个组合航天器的事件称作空间对接。所谓空间交会对接是轨道交会和空间对接的总称。

航天器交会对接是载人航天工程的另外一项重要基本技术，中国在完成载人飞船工程和航天员出舱活动任务后，将进行空间交会对接试验。

空间交会对接需要两个航天器，一个作为被动对接目标，称为目标飞行器，另一个作为主动追踪者，称为追踪飞行器。追踪飞行器在神舟号载人飞船的基础上，新增交会对接等功能，并进行优化设计，改进成为天地往返运输器（称为载人飞船）。目标飞行器被命名为天宫1号，它以载人飞船技术为基础研制，采用两舱结构，轨道寿命为两年。对长征2F火箭进行相关的适应性改造，用于发射目标飞行器和追踪飞行器。以载人飞船工程中已建成的陆海基测控通信网为基础，经适应性改造，并通过国际互联网和卫星数据中继，进一步扩大轨道覆盖率以满足航天器交会对接试验的测控通信要求。发射场、着陆场等基本不变。

（1）选拔训练航天员乘组

根据空间交会对接任务要求，对航天员进一步进行全面、严格的训练和评定，选拔出能完成航天器交会对接任务的乘员组。航天器交会对接训练主要包括：基础训练，航天器交会对接理论与方法的学习和训练，航天器交会对接训练模拟器训练和全任务程序训练等。

（2）研制追踪飞行器——载人飞船

追踪飞行器是在神舟号载人飞船基础上，增加交会对接等功能，并进行优化设计后形成的载人飞船。

载人飞船取消轨道舱附加段和轨道舱留轨功能，增加交会对接机构及有关设备，包括对接机构主动组件、船载测量设备、卫星数据中继设备、平移控制手柄、平移发动机组等。轨道舱的结构机构、环控生保、测控通信、仪表照明等配置，要适应航天员在轨工作、生活和有效载荷运送的需要。对返回舱和推进舱进行优化、完善等适应性改造。追踪飞行器外形与结构如图7－1所示。

图7–1 追踪飞行器示意图

图 7–2 天宫 1 号目标飞行器在轨飞行示意图

（3）研制对接目标——天宫 1 号目标飞行器

被命名为天宫 1 号的目标飞行器分为密封舱、资源舱和对接机构三部分。对接机构安装在前端，用于与载人飞船对接，对接后航天员经此通道进出目标飞行器。

密封舱位于中部，其功能主要是为航天员提供基本模拟地面大气环境的生存环境条件、工作和生活设施，对目标飞行器进行管理和控制，安装需航天员参与操作的设备及需在密封环境工作的设备，在有人或无人期间可实现对组合体或目标飞行器的管理。对接机构被动组件位于密封舱前端，异体同构周边式（导向器内翻）对接机构可以形成密封通道与密封舱相连。

资源舱位于后部，为直筒构型的非密封舱段，舱外安装太阳电池翼，舱内主要安装发动机和推进剂贮箱以及环控气瓶等设备。其大小根据太阳电池阵安装外轮廓和宽度需求以及发动机、推进剂贮箱安装空间决定。资源舱后锥段和侧壁装有轨控和姿控发动机。图 7–2 为天宫 1 号目标飞行器在轨飞行示意图。

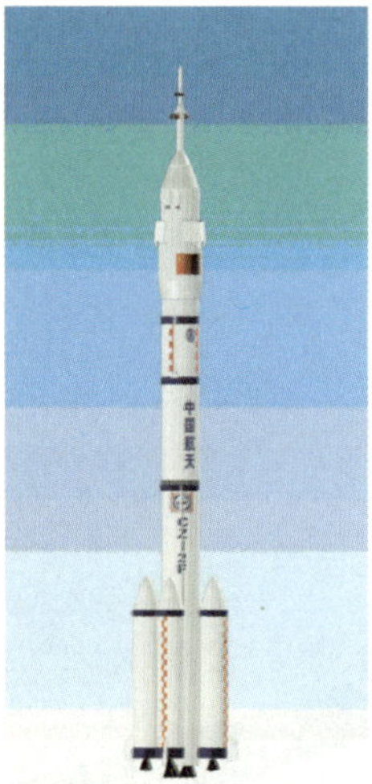

图 7–3 发射神舟号飞船的长征 2F 火箭

（4）运载火箭

对发射神舟号飞船的长征 2F 运载火箭（图 7–3）在确保入轨精度和提高可靠性等方面进行适当完善，以发射载人飞船，而发射天宫 1 号目标飞行器的长征 2F 运载火箭取消了逃逸和故障检测功能（图 7–4）。

（5）发射场

图 7–4 发射天宫 1 号目标飞行器的火箭

在酒泉卫星发射中心载人航天发射场发射载人飞船和目标飞行器。为满足任务要求，在发射场建设新的航天器加注、扣罩厂房。同时，对部分设施设备进行改造，以适应新的需求，进一步提高任务的可靠性和安全性。

（6）测控通信

在运行段，载人飞船工程所有测控通信指挥控制中心、陆基固定测控站和活动测控站均参加交会对接飞行任务，负责提供远距离导引轨道调整和近距离导引第 1 次变轨过程的测控通信支持。在对接过程中，测控通信系统同时接收目标飞行器和追踪飞行器的遥测数据，使用海事卫星进行低速率数据传输，接收航天员关键生理遥测和关键工程遥测数据，并与航天员进行话音通信；使用中国天链 1 号数据中继卫星系统，完成目标飞行器和载人飞船的高速数据传输，包括应用数据、测控、话音、图像等数据。

（7）交会对接过程

目标飞行器在酒泉卫星发射中心发射入轨后，经变轨进入独立飞行轨道。与飞船进行交会对接前，从独立飞行轨道降轨到对接轨道，并且调整相位满足交会对接初始相位角的要求（初始相位角指追踪飞行器入轨时刻追踪飞行器位置至目标飞行器位置之间的地心张角），等待飞船进行交会、对接（图 7–5）。

图 7–5 交会对接轨道示意图

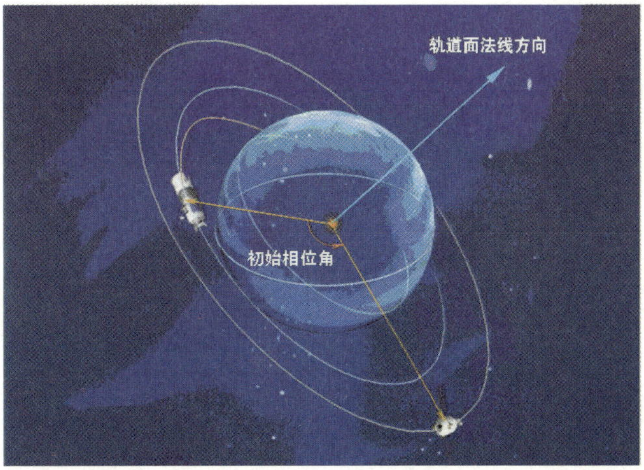

飞船在酒泉卫星发射中心发射入轨后，进入初始轨

图 7－6 飞船与目标飞行器靠拢和即将对接示意图

道，在测控通信系统的支持下，完成飞船与目标飞行器的交会对接任务。图 7－6 为飞船与目标飞行器靠拢和即将对接示意图。

目标飞行器与飞船对接后形成组合体，由目标飞行器负责组合体控制和管理，航天员进入目标飞行器实验舱执行在轨驻留任务，并开展有人参与的航天医学实验、空间科学实验和技术试验。

完成交会对接任务和在轨驻留任务后，飞船与目标飞行器分离并调整轨道，返回地面，目标飞行器再次进入独立飞行轨道，等待下一次交会对接。

2. 长驻太空做实验
—— 中国即将发射空间实验室

空间实验室是建立长久性空间站的重要一环，以突破和验证空间站关键技术为主要任务目标，以“短期有人照料、长期自主运行”为主要工作模式。

我国未来的空间实验室发展构想具有如下主要特征：通过一次性携带的物资，可实现少批量、短时间航天员在轨驻留，一般不具备长期载人能力；一般没有在轨补给和补加功能，寿命较短；规模小，不具有可扩展性；能进行空间站关键技术验证试验，可开展一定规模的空间应用（图 7－7）。

图 7－7 我国未来空间实验室发展构想

3. 货运飞船显身手
—— 中国将建造实用货运飞船

货运飞船可以通过交会对接向空间飞行器补给货物、提供消耗品和设备，从而延长飞行器的在轨飞行寿命，提高航天员的空间驻留和工作时间，拓展空间飞行器的能力，为空间站上乘员的长期驻留和实现空间站的长期应用提供支持。

货运飞船要完成航天员消耗品、推进剂、舱内气体等资源的补给和实验用品的上行运输，并要进行空间科学试验载荷和维修设备等的运输。空间站丢弃的废弃物和生活垃圾等也要随货运飞船下行并在进入大气层后烧毁。

货运飞船与空间站对接后，将根据空间站的需求分次进行推进剂补给，实现航天员生活用品、维持舱压气体的补给，存储空间实验设备和用品，收集废弃物，完成任务后坠入大气层烧毁。

中国的货运飞船将充分借鉴目标飞行器的平台及主要技术，融合载人飞船的主动交会对接技术，针对货运的特色和留轨任务需求进行设计。

4. 指日可待空间站
—— 中国将建造长期载人空间站

空间站是一种应用型的具备长期有人照料能力的大中型载人航天器，能够为多名航天员提供多次在轨长期驻留的条件；能够依靠货运飞船实现推进剂和消耗品的补充；能够通过航天员进行设备维修与更换而延长寿命或改变、扩充功能；能够为建造未来空间基地、月球及行星基地作技术储备。图 7－8 为未来的中国空间站方案之一。

空间站主要具备以下基本特性：

1）能够进行多领域、多学科的科学技术实验；

2）具有能满足多人轮换、长期在轨的驻留环境，以及良好

图 7–8 未来的中国空间站方案之一

的居住、锻炼及工作条件；

3）具有良好的可扩展性，各舱段一般采用标准的接口形式，可实现多模块积木式扩展，不断扩大应用范围；

4）具有良好的可维修性，可通过航天员完成设备设施的检查、监视、维修、更换，提高使用效益、工作寿命和应用范围；

5）寿命长，具备与载人和货运飞船对接的能力，可以通过天地往返飞行器的补给、维修、更换等方式延长工作寿命，达5～10年或更长。

从任务目标、功能、基本指标等方面看，空间实验室与空间站存在较大的差异，两者比较见表7–1。

到2020年前后，中国将在太空建立长期有人照料的由20吨级舱段组成的空间站，开展较大规模的空间科学技术试验和应用研究。

表 7–1　空间实验室与空间站比较

序号	项目名称	空间实验室	空间站
1	主要任务	验证空间站关键技术，为空间站打基础	空间应用为主，可开展深空探测、外太空空间基地技术试验
2	工作模式	长期自主飞行，短期有人照料	具备长期有人照料能力
3	规模	单舱，只有1～2个对接口，不扩展	多舱段，至少两个对接口，可扩展
4	在轨寿命	2年左右	5～10年或更长
5	驻留能力	短期，航天员一次在轨驻留时间一般小于60天	长期，一般驻留时间为180天左右
6	运输系统	没有专用的货运航天器实现推进剂及消耗品的补充	具有配套的货运航天器，可定期完成推进剂及消耗品的补充
7	航天器维修	原则上只作试验、训练	可维修
8	空间应用	一定规模的空间应用	可通过增加和更换设备，实现大规模、多项目的空间应用